国家重点研发计划项目(2017YFC0804100)资助
国家自然科学基金项目(41430643)资助
安徽省自然科学基金项目(2008085QD191)资助
深部煤矿采动响应与灾害防控国家重点实验室基金项目(SKLMRD-PC19ZZ06)资助
安徽理工大学青年教师科学研究基金项目(QN2019110)资助

侏罗系煤层开采覆岩导水裂缝动态演化规律及应用

刘　瑜　著

中国矿业大学出版社
·徐州·

内容提要

本书以陕北榆神府矿区为例，以侏罗系煤层上覆岩(土)体及第四系上更新统萨拉乌苏组沙层潜水为主要研究对象，在分析煤层上覆含(隔)水层空间赋存结构与覆岩工程地质特性的基础上，综合采用野外调查、室内试验、原位测试、数值模拟、相似材料模拟及理论分析计算等方法，研究了采动覆岩变形、破坏的监测方法与动态过程，侏罗系煤层采动覆岩导水裂缝的发育规律、特征与异常机理，损伤裂隙岩(土)体渗透性演化规律以及高强度开采条件下井下水害与地表生态环境响应关系。

本书可供从事采矿工程、煤矿水文地质、煤矿工程地质、环境地质等相关专业的科研与工程技术人员参考使用。

图书在版编目(CIP)数据

侏罗系煤层开采覆岩导水裂缝动态演化规律及应用/刘瑜著. —徐州：中国矿业大学出版社，2021.12

ISBN 978-7-5646-5290-6

Ⅰ. ①侏… Ⅱ. ①刘… Ⅲ. ①煤矿—矿山水灾—灾害防治—研究 Ⅳ. ①TD745

中国版本图书馆 CIP 数据核字(2021)第 274521 号

书　　名　侏罗系煤层开采覆岩导水裂缝动态演化规律及应用

著　　者　刘　瑜

责任编辑　赵朋举

出版发行　中国矿业大学出版社有限责任公司

（江苏省徐州市解放南路　邮编 221008）

营销热线　(0516)83884103　83885105

出版服务　(0516)83995789　83884920

网　　址　http://www.cumtp.com　**E-mail**：cumtpvip@cumtp.com

印　　刷　江苏凤凰数码印务有限公司

开　　本　787 mm×1092 mm　1/16　**印张** 11.5　**字数** 219 千字

版次印次　2021 年 12 月第 1 版　2021 年 12 月第 1 次印刷

定　　价　45.00 元

前　言

当前，我国煤炭资源开发重心已快速转移到西部生态环境脆弱地区。矿井突水威胁、水资源漏失及其引发的生态环境损害问题是限制西部煤炭优势资源高强度开采的主要因素。第四系沙层潜水既是陕北地区唯一具有大范围供水及生态意义的珍贵地下水资源，又是井下水害的重要充水水源。作为沟通矿坑与上覆水源的主要通道，无论从矿井安全保障还是水资源保护的角度出发，采动覆岩导水裂缝带的演化规律都是采矿工程、地质工程与环境工程研究的重点。再现侏罗系煤层开采覆岩变形、破坏动态过程，揭示覆岩导水裂缝发育规律与损伤裂隙岩(土)体渗透性演化机理，并将其应用于研究侏罗系煤层开采下水害与生态环境响应关系，有助于促进煤炭资源开发与生态环境保护协调发展，具有重要的理论和实践意义。

本书以侏罗系煤层上覆岩(土)体和第四系上更新统萨拉乌苏组沙层潜水为研究对象，根据“规律认识→机理研究→工程应用”研究思路，利用理论分析、原位和室内试验、模拟计算等研究方法，对采动过程中覆岩导水裂缝动态演化规律、损伤裂隙岩体渗透性变化特征以及高强度开采条件下井下水害与地表生态环境响应关系进行了研究和探索，得到了煤层采前—采中—采后全过程覆岩(土)变形的动态变化特征，探索了导水裂缝带高度与采高比值异常增大的机理，提出了非贯通裂缝带的概念及确定方法，揭示了损伤裂隙岩体采后应力恢复条件下的渗透性演化规律，建立了基岩内完全发育与土-岩复合岩层中发育的导水裂缝带高度多因素预计数学模型。将有关研究成果应用到了矿井水害防治、保水采煤理论研究和工程实践，取得了显著的安全、经济和环境效益。

全书共 7 章。第 1 章介绍了本书的研究背景、意义、国内外研究现状及研究领域存在的不足，给出了研究内容与方法。第 2 章介绍了研究区的自然地理、地质背景、水文地质条件和覆岩工程地质特性。第 3 章介绍了导水裂缝带高度传统方法原位探查与采动覆岩变形破坏分布式光纤动态监测，划分了煤层采动过程中覆岩破坏高度动态发育阶段，确定了导水裂缝带最大发育高度，并建立了导水裂缝带最大高度与其稳定高度的关系。第 4 章介绍了采动覆岩变形破坏特征及演化规律，提出了非贯通裂缝带的概念，分析了非贯通裂缝带发育高度及其变化规律，建立了侏罗系煤层开采导水裂缝带发育高度的理论预计公式，揭示了侏罗系煤层开采土岩复合导水裂缝带发育特征规律，分析了侏罗系煤层开采导水裂缝带发育与传统认知的区别，揭示了导水裂缝带高度与采高比值异常增大的机理。第 5 章介绍了采动损伤岩(土)体渗透性演化规律，研究了采动损伤与应力恢复过程中裂隙岩体渗透性的变化，分析了采动过程中土层隔水性降低与恢复的动态变化过程；基于自主研发的实验装置获得了土层的渗透系数并分析了水压与土层厚度对红土层与黄土层渗透系数取值的影响。第 6 章介绍了高强度开采条件下井下水害与地表生态环境响应关系，建立了高强度开采条件下工作面水文地质模型，确定了覆岩导水裂缝带稳定高度、最大高度以及非贯通裂缝带高度，预计了工作面涌水量与潜水含水层水位降深，分析了潜水含水层水位埋深与地表生态环境响应关系。第 7 章对本书的研究成果进行了总结。

本书是在中国矿业大学李文平教授和安徽理工大学胡友彪教授、刘启蒙教授悉心指导和帮助下完成的，在此致以最崇高的敬意和最诚挚的感谢。感谢兖矿集团有限公司孟祥军总工程师，兖州煤业股份有限公司官云章副总工程师，陕西未来能源化工有限公司金鸡滩煤矿岳宁矿长、李申龙总工程师，陕西省煤田地质局一八五队蒋泽泉队长，陕西煤业化工技术研究院有限责任公司王苏健副院长等长期以来的支持和帮助。感谢南京大学施斌教授、李晓昭教授，山东科技大学魏久传教授，西安科技大学柴敬教授，中国矿业大学隋旺华教授、孙亚军教授、杨伟峰教授、杨圣奇教授，安徽理工大学薛生教授、郭立全副教授等对研究工作的关注、支持和指导。在现场实测、实验室研究和理论分析过程中，程刚、乔伟、李涛、王启庆、贺江辉、刘士亮、邢茂林、范开放、张文轩、杨东东、郭启琛、孙尚尚、颜士顺、裴亚兵、刘强强、伍艳丽、谢朋、薛森、阴静慧、马子聪、仝腾、杨玉茹、吴家峰等给予了大力支持和帮助，在此表示感谢。

感谢本书中所有引用文献的作者。

由于时间仓促和作者水平所限，书中难免存在疏漏之处，敬请广大读者不吝赐教和指正。联系电子邮箱 yliu@aust. edu. cn。

著　者

2021 年 12 月

目　录

1 绪　论

1.1 研究背景和意义

我国煤炭储量约占已探明化石能源储量的94%，煤炭作为重要能源与工业原料，为经济发展提供了巨大的支撑。2016年，我国煤炭消费量占能源消费总量的62%，预计至2030年仍不会低于50%；煤炭在我国能源结构中的主体地位，将是长期的、稳固的、不可替代的。随着东部矿区煤炭资源的枯竭，中部资源与环境约束的矛盾加剧，我国煤炭资源开发重心已经快速转移到西部生态环境脆弱的干旱半干旱地区。陕北地区是国家加快建设的14个亿吨级大型煤炭基地之一，区内榆神府煤田已探明煤炭储量高达2 236亿吨，是我国已探明的最大煤田，占全国煤炭已探明储量的近1/3。

陕北地区干旱少雨，蒸发量大，为典型的干旱半干旱大陆性季风气候，属水资源匮乏型生态脆弱区。榆林市年平均降雨量为406.18 mm(2005—2015年)且多集中在夏季，如图1-1所示。榆林市年平均蒸发量为1 774.91 mm(2005—2015年)。区域上分布有第四系上更新统萨拉乌苏组沙层潜水含水层、沟谷径流水、湖泊(海子)等少量浅表层地下水，其中，沙层潜水是维系区内农业发展、饮用水、生态环境平衡的珍贵水资源。

陕北地区侏罗系煤层厚度大、埋藏深度浅，大规模、高强度开采造成上覆岩(土)层的变形与破坏，岩(土)层隔水能力下降；容易引起潜水水位下降与水资源漏失(图1-2)，造成矿井突(涌)水事故，工农业用水困难，地表植被死亡、荒漠化加剧等生态环境损害问题。如区内锦界煤矿矿井最大涌水量超过5 000 m^3/h，榆阳煤矿多个工作面涌水量超过600 m^3/h，井下生产安全受到严重威胁；柠条塔S1201工作面发生突水淹面事故，造成直接经济损失近2亿元；张家峁井田范围内的115处泉水在煤层开采后仅剩余13处，泉水流量衰减95.8%，地表生态环境明显恶化；榆林市榆阳区重要水源地红石峡水库受周边煤矿高强度开采的

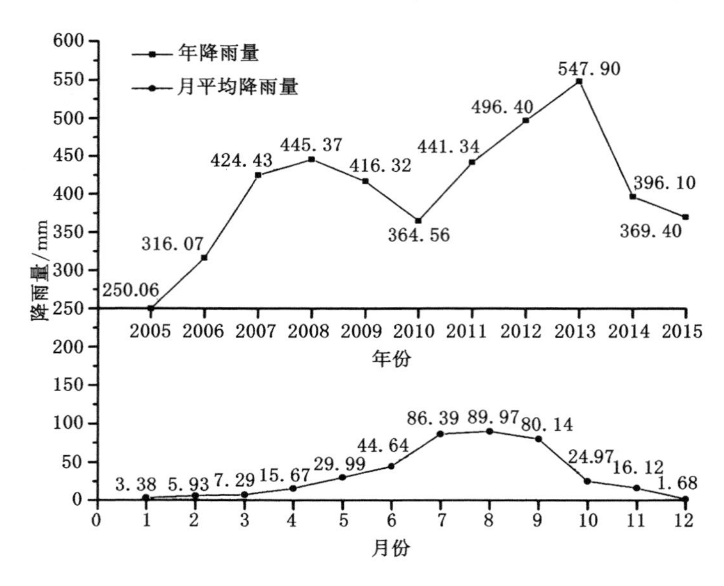

图 1-1　榆林市年降雨量及月平均降雨量(2005—2015 年)
(数据源自榆林市统计年鉴、气象科学数据共享服务网)

影响,可提供水量严重减少,造成近 20 万居民生活饮水出现困难。随着煤炭开发重心的快速西移,浅埋煤层开采规模不断扩大,矿井突水事故、水资源流失及生态环境损害问题日益加剧,将严重影响区域经济可持续发展。

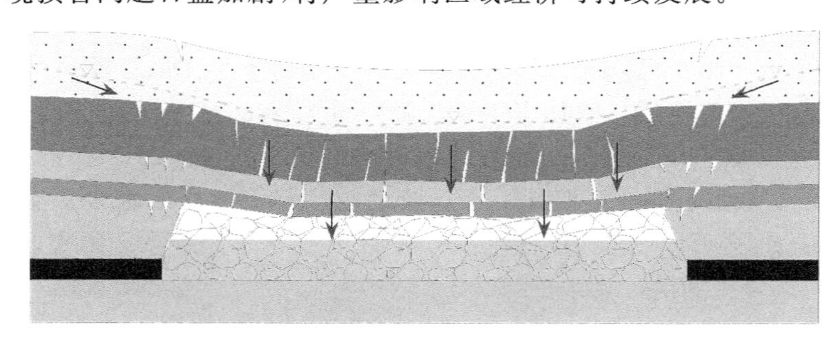

图 1-2　陕北地区煤层开采隔水岩土层破坏突水-渗漏示意图

毫无疑问,矿井突水威胁、潜水资源漏失及其引发的次生灾害是限制陕北地区煤炭资源绿色安全高效开采的主要因素。矿山防治水工作重点已由单一的保障矿井安全转变为安全保障与水资源保护并重。然而,无论从哪一点出发,作为沟通上覆水源与矿坑的主要通道,采动导水裂缝带的发育高度及其规律都是矿山防治水的研究重点。要防控或减轻矿井突水事故与生态环境损害问题,必须研究关于采动覆岩(土)裂隙及其渗透性变化的关键科学问题,比如,陕北地区侏罗系煤层开采导水裂缝带发育高度能达到多少,和哪些因素有关,与东部矿区有什么区别,在开采过程中覆岩裂隙发育的高度如何变化,不同岩性、不同损伤程度的裂隙岩体渗透性如何演化,高强度开采条件下井下水害与地表生态环境响应如何预测、评价等。

研究陕北地区侏罗系煤层开采导水裂缝带动态演化规律,有助于浅埋侏罗系煤层开采潜水漏失量的准确预计以及确定煤层的合理开采高度,是矿井安全绿色开采的重要基础,可为西部生态环境脆弱区侏罗系煤层开采突水及次生灾害防治提供科学理论依据。

1.2 国内外研究现状

目前,与本书相关的国内外研究主要集中在煤层采动覆岩(土)变形破坏理论、覆岩移动变形分带性、导水裂缝带高度的影响因素及探查方法、采动裂隙岩(土)体的渗透性(隔水性)演化规律及"保水采煤"等方面,分别综述如下:

1.2.1 煤层采动覆岩(土)变形破坏理论研究现状

国内外学者在矿山采动引起的覆岩变形与破坏深入研究的基础上提出多种具有代表性的覆岩变形破坏理论。为解释采场覆岩活动与矿压显现现象,"压力拱""悬臂梁""预成裂隙""铰接岩块""砌体梁""传递岩梁""关键层"等理论被相继提出,对采动覆岩运动与控制的发展具有至关重要的意义。"压力拱理论"由德国学者 Hack 和 Giuitzer 提出,认为压力拱的前后拱脚在前方未采动煤体和后方已垮落岩块之上,拱随工作面推进前移;压力拱本身承担一部分荷载,工作面支架仅承担拱内岩体的重力荷载。该理论解释了工作面支架压力小于上覆岩层自重的现象。"悬臂梁理论"由德国学者 Stoke 提出,认为顶板岩层为连续介质,垮落后一端在煤壁前方,形成悬臂梁,该理论解释了周期来压现象。"预成裂隙理论"由比利时学者 Labasse 提出,认为超前支承压力集中作用导致覆岩连续性被破坏,岩梁中的裂隙预先形成,指明预生裂隙的产生机理。"铰接岩块理论"由苏联学者库茨涅佐夫提出,指出已垮落和未垮落岩层呈铰接状态,岩层运动影响支架压力大小,裂缝带内岩块受水平压力挤压而相互咬合,彼此相互牵制形成三铰拱结构。"砌体梁理论"由钱鸣高院士提出,认为工作面推进距离达到顶板岩层断裂距后岩梁发生断裂,岩块整齐排列并在回转时形成挤压,在岩块间的水平挤压力和摩擦力作用下能形成似梁实拱的平衡结构,该结构主要以滑落和回转变形两种形式失稳。该理论解释了采动覆岩结构及其形态,给出了采场的上部边界条件。"传递岩梁理论"由宋振骐院士提出,认为垮落带基本顶呈假塑性状态，受前方煤体与垮落矸石支承，沿推进方向形成高度不一的能够传递水平力的裂隙岩梁。"关键层理论"由钱鸣高院士提出，认为煤系岩层中某些坚硬的岩层在采动覆岩变形破坏和运动演化过程中起到主控作用，破断前以连续梁结构、破断后以砌体梁结构支承上覆荷载，砌体梁结构演化运动影响矿压、岩层移动与沉陷。

上述理论源自对实践的认识，又指导了实践。基于上述理论，一系列的研究及实践工作得到开展。如张通等针对薄基岩厚松散层深部长工作面矿压显现问题，在压力拱假说基础上建立了裂缝带几何模型，推导了覆岩裂缝带计算公式。冯军发等研究了结构拱与压力拱的内在关系，认为近水平煤层采场存在围岩承载结构、矿压运动结构和工作面防护结构三种形式，并以此分析了神东矿区浅埋近距离煤层下层煤开采时发生的压架事故案例。刘士亮等在对覆岩结构特性分析的基础上，利用薄板模型推导出适合陕北地区的理论计算模型。侯忠杰讨论了"短砌体梁"结构的应用条件，认为浅埋煤层不能形成砌体梁结构。卢国志等在分析传递岩梁理论的基础上，指出影响岩梁周期来压步距的因素除包括岩梁周期断裂外，还与支护强度、推进速度等参数相关。缪协兴等建立了保水采煤的隔水关键层矿压模型，提出了可用于指导开发保水采煤技术的隔水关键层原理。

煤层开采水文地质工程地质条件具有多变性、复杂性特点，导致开采覆岩破坏特征很难用一种理论完全解释，因此采动覆岩变形破坏力学理论仍需要被逐渐地完善。

1.2.2 覆岩移动变形分带性研究现状

自 20 世纪 50 年代以来，以刘天泉、仲惟林、钱鸣高、宋振骐等学者为代表，对煤层开采覆岩变形、破坏特征与采动导水裂缝分布规律进行了大量实测和理论研究，并建立了"横三区""竖三带"的总体认识。此外，国外学者 L. Holla、C. J. Booth、R. Richard 等也对长壁开采工作面覆岩移动破坏的"竖三带"结构特征进行了研究，指出了该理论对水体下采煤的重要意义。"竖三带"包括垮落带、裂缝带以及弯曲带。垮落带是指煤层直接顶的破坏范围，位于煤层上覆岩层的最下部，岩层遭受破坏最为严重，带内的岩石块体大小不一且被杂乱堆积于采空区，岩层失去原有层次。越是靠近煤层，岩块破碎越严重，岩块之间空隙多，连通性好，有利于水、砂溃入采空区。裂缝带位于垮落带之上，岩层多发育水平拉张裂缝，岩层全部或部分断开，但基本上保持连续性与原有层次。自下而上裂隙发育程度与连通性逐渐减弱，透水性逐渐减弱。弯曲带内岩层的移动具有连续性和整体性，受采动的影响较小，但在煤层埋深较浅或开采厚度较大时可能不存在此特征。

刘天泉院士分析了不同矿区几百个工作面的覆岩破坏高度，统计得出了适用于不同开采地质条件下的垮落带和导水裂缝带高度的经验计算公式，指导了我国煤矿水体下采煤试验与实践。V. Palchik 通过现场试验测定了采动覆岩离层的层位，研究了采动覆岩内裂缝带的形成机理，并通过分析气体逸散变化量监测结果圈定了裂缝带的发育范围。A. Majdi 等基于采空区顶板裂隙演化特征，提出了 5 种预测覆岩采动卸压区高度的数学模型。高延法突破传统“三带”观念，提出岩层移动“四带”模型，分析了第四系岩层性质对岩层移动的影响，指出了“四带”的必要性，认为岩层结构力学模型应划分为破裂带、离层带、弯曲带和松散冲击层带，进一步拓宽了对顶板突水机理的认识。乔伟、李文平等以海孜矿“5・21”突水事故为背景，提出了离层水“静水压涌突水”的离层水涌突水模型，探讨了采场顶板离层水“静水压涌突水”的形成机理。黄庆享等揭示了浅埋煤层长壁开采覆岩裂隙分布规律，建立了“下行裂隙”模型。夏小刚等根据采动上覆岩层的裂隙发育、结构与移动特征，提出“似连续带”，给出具体的定义并建立了岩层移动数学模型。

垮落带与裂缝带合称为导水裂缝带，是上覆含水层进入矿坑的主要通道。对应不同的问题，离层带、松散冲积层带、下行裂缝带等被提出，可见采动覆岩的分带性不是固定的，需根据地质条件及研究内容细化与深入。

1.2.3 导水裂缝带高度的影响因素及探测方法研究现状

煤层采出后上部岩层失去原有支撑，在自重及覆岩压力作用下发生弯曲、移动。采空区上部岩层受横向拉应力，边缘受剪切应力，当应力超过极限时，覆岩就会发生断裂、破碎从而垮落。矿山地质条件复杂且多变，影响导水裂缝带高度的因素难以一一说清楚。在整理、分析国内外学者研究成果与工程案例的基础上，将导水裂缝带高度的影响因素概括为以下 8 个方面：

(1) 覆岩(土)力学性质与结构

岩层的力学强度直接影响采后顶板岩层的应力重分布、变形和破裂范围。《建筑物、水体、铁路及主要井巷煤柱留设与压煤开采规范》(安监总煤装〔2017〕66 号)根据岩石的单轴抗压强度将顶板分为软弱、中硬、坚硬三种类型，并分别给出导水裂缝带高度计算公式。由于导水裂缝带范围内一般涉及多层岩层，甚至是半固结的土层，用单一的类型无法完全反映覆岩特征。岩性及组合关系对导水裂缝带高度也有很大影响，一般情况下，岩层愈厚、愈脆，其导水裂缝带高度愈大。一般来讲，按照导水裂缝带高度由大到小的顺序，顶板岩性及组合关系排序为：坚硬-坚硬型、软弱-坚硬型、坚硬-软弱型、软弱-软弱型。

(2) 煤层开采高度

开采高度控制顶板岩体应力重分布、变形和破裂范围，是影响导水裂缝带高度最重要的因素。煤层开采高度既是传统经验公式中预计导水裂缝带高度的主要参数，也是众多科研单位、煤矿企业和高校学者研究的重点。如潞安集团对区内不同采煤方法下导水裂缝带高度进行了总结（图 1-3）；兴隆庄煤矿对比分析了放顶煤开采和分层综采条件下导水裂缝带高度发育情况，结果显示导水裂缝带高度与开采高度的关系近似呈分式函数关系（图 1-4），兖州矿区更是根据观测数据统计了其综放条件下的导水裂缝带高度经验公式。许延春教授、魏久传教授、尹尚先教授、樊振丽博士、胡小娟硕士等也对导水裂缝带高度与开采高度的关系进行了研究。

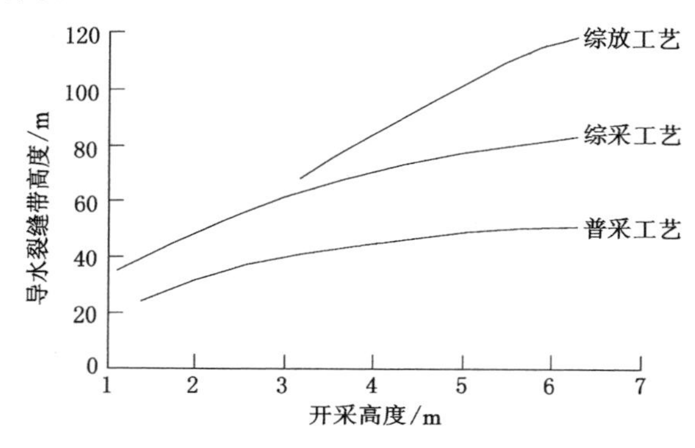

图 1-3　潞安矿区不同采煤方法下导水裂缝带高度与开采高度的关系

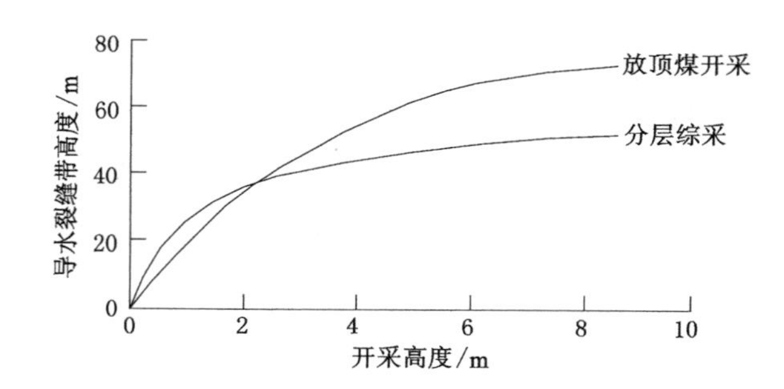

图 1-4　兴隆庄煤矿不同采煤方法下导水裂缝带高度与开采高度的关系

(3) 采煤方法和顶板管理方法

采用单一走向长壁采煤方法时，煤层开采高度一般不大，岩块不易发生二次运动，覆岩破坏规律性明显。康永华等指出中硬型覆岩综放开采时比综采时的导水裂缝带高度明显增大，分层综采与放顶煤开采结合时导水裂缝带高度仅比综采时增大约 10%。顶板管理方法决定覆岩破坏的基本特征，垮落法管理顶板时覆岩破坏最为充分。充填法管理顶板在充填质量好时，煤层的直接顶可能不发生垮落，导水裂缝带高度明显降低。采用条带法、房柱法、刀柱法管理顶板时，若所留煤柱能够支撑顶板，则导水裂缝带能单独存在且发育高度较小。

(4) 采空区的尺寸

导水裂缝带高度随工作面的推进而不断增大，当工作面推进一段距离后，导水裂缝带高度达到该状况下的最大值，随着工作面的继续推进高度基本稳定。采空区的尺寸对导水裂缝带高度的影响主要表现在覆岩未充分采动的条件下。一般来讲，随着采空区面积增大，导水裂缝带高度也相应地增大，直至达到最大高度后趋于稳定。

(5) 煤层倾角

根据东部矿区的实测结果，当煤层倾角不大于 35°时导水裂缝带整体呈马鞍形，最高点位于采空区正上方；当倾角在 36°～54°时采空区上部岩块滑落充填下部区域，导致上部导水裂缝带增大呈类似抛物线状；当倾角更大时，采空区下部导水裂缝带发育明显受抑制，上部导水裂缝带高度急剧增大，可能超出采空区边界。煤层倾角控制导水裂缝带的形态，同时影响其发育高度。

(6) 地质构造

地质构造在导水裂缝带范围内时对其发育高度影响较小，仅在一定程度上增加岩层的破坏程度和渗透性；在其范围上部时，可能与采动裂隙发生联系，相当于增大了导水裂缝带的高度。众多学者对地质构造影响下的导水裂缝带发育进行了研究。因本书研究区域内地质构造不发育，故该因素的影响较小。

(7) 开采时间

导水裂缝带高度经历了增大和减小 2 个阶段。曹丁涛与李文平指出，中硬覆岩条件下导水裂缝带高度在工作面回采 1～2 个月发育至最大，岩石越坚硬此阶段时间越长。导水裂缝带高度随下部岩石的压实逐渐降低，覆岩越坚硬，其下降幅度越小。时间因素的影响还表现在随着时间增加，采动应力恢复，采动裂隙可能发生闭合导致渗透性降低或隔水性恢复，在软弱岩层中这一现象更加明显。

(8) 重复采动

煤层采动改变覆岩的结构及力学特性，二次回采相当于在预裂软化岩层下进行。重复采动覆岩变形破坏规律与初次采动时的规律有所不同，并且逐次的重复采动又各不相同。朱卫兵综合采用理论分析、模拟试验、现场实测方法，就神东矿区浅埋近距离煤层重复采动关键层结构失稳进行了研究。

采动覆岩变形、破坏监测是矿井水文工程地质与岩土工程领域的重要课题，为矿山防治水、瓦斯抽采、地表移动、水资源流失等研究提供基础数据。目前，导水裂缝带高度的探测方法主要包括以下几类：

(1) 工程地质比拟法

其参照条件相近的其他井田的开采实践数据，在对比分析的基础上预计研究区域覆岩的变形、破坏高度，或直接套用经验公式。由于实际运用中，难以寻找地质条件及开采技术条件完全相同的矿井或井田，且经验公式的确定常存在主观意识和计算误差；预计过程中忽略研究区域与样本的某些差异，可能导致预计结果与实际发育高度差异较大，所以，比拟法无法全面反映覆岩的结构与变形、破坏特征。

（2）相似材料模拟试验

相似材料模拟试验依据相似原理，利用相似物重建开采地质模型，根据时间和几何等相似性模拟煤层开挖，观测模型变形、移动与破坏情况，从而推断实际开采过程中覆岩导水裂缝带发育高度。越来越多的新技术被运用到该方法中，如柴敬等将光纤光栅应用到相似模型中，揭示了采动覆岩变形破坏的特征响应、超前支承压力与覆岩破坏的关系。受试验条件和技术限制，针对某一具体条件的模拟误差难以避免，但模拟结果能够在一定程度上反映客观规律。

（3）数值模拟

数值模拟已成熟应用于采动上覆岩体变形、破坏研究，可以实现某个或多个变量对变形、破坏的影响。常用的采动覆岩导水裂缝带高度模拟的软件主要有FLAC、UDEC、RFPA、ADINA，每款软件的原理、优缺点与适用条件有所差异。模拟过程中常存在一些参数及边界条件确定困难，可能导致模拟结果与实际不符，但对导水裂缝带高度预计起到了重要作用。

（4）工程现场探测

针对在不同的地质以及开采技术条件下煤层开采覆岩导水裂缝带的发育高度，已进行了大量的现场探测研究。采用的方法主要包括钻孔岩芯地质编录、冲洗液消耗量、钻孔电视、超声成像及数字测井、超声波穿透、电法微震探测、井下仰孔注水测漏等。其中，利用采后地面钻孔钻进过程中掉钻、卡钻、漏风等现象，岩芯裂隙的发育情况以及冲洗液消耗量变化仍然是目前确定覆岩破坏分带分界的最常用方法。目前，覆岩变形破坏监测的指标以动力学参数和物性参数差异为主。表 1-1 列举了当前采动覆岩变形破坏的主要监测技术及其特点，受监测技术限制，传统监测方法存在多为点式监测、布点随意性较强、耐久性差、测试精度不高的问题，无法获得实际采动过程中导水裂缝带动态高度。

监测技术不足阻碍了对煤层采动覆岩变形破坏规律的准确认识，影响对矿井地质灾害的正确判断与措施实施。为此，国内外学者都在寻找和研究覆岩变形监测的新技术与新方法，其中，分布式监测是国内外竞相研发的技术方向。分布式监测可获取空间和时间上的连续信息，采动覆岩变形的分布式监测，犹如在覆岩中植入感知神经系统，可实现长期对采动全过程的动态监测。该方法弥补了点式监测的众多不足，实现了长距离、实时、分布式的监测目标。同时，无须大量线缆作为连接线，极大地方便了传感器的布设与联网。目前实现分布式监测的主要手段是分布式光纤感测技术。

表 1-1　煤层采动覆岩变形破坏现行监测技术及其特点

方法	原理	优点	局限性
地面钻孔冲洗液漏失量	通过钻进过程中冲洗液的消耗量、钻孔水位高度、钻进中的特殊现象来判定覆岩破坏情况	操作简单，结果可靠实用，观测数据能反映实际导水情况	人为因素影响大，对观测时机的把握要求较高，钻孔施工难度大、费用高
井下仰角钻孔注水测漏法	利用双端堵水器对钻孔进行分段封隔注水，通过各分段漏失量的测定来确定覆岩破坏情况	数据可靠、资料准确、速度快、时间短、费用低，可连续监测	井下钻窝的位置和规格、钻孔角度与长度必须经严格的计算，施工要求极高
钻孔电视	将摄像仪放在钻孔中上下运动，将孔壁(岩层)状况直观地显示在屏幕上	结果直观	施工要求高，增加工期和成本，图像转换精度不高
声波测井	根据声波的传播速度在不同岩层中和采动前后过程中的衰减变化来判定导水裂缝带的位置	提高了对煤层定性定量解释的可靠性	井径的大小会影响煤层和泥岩的区分，煤中石英石会降低煤的孔隙度，解译精度较低
电阻率法	根据覆岩导电性的差别，研究采矿活动前后煤层上覆地层视电阻率的变化规律来判定覆岩破坏范围	成本低、效率高、解释方便、勘探精度高	测量距离短，传感器易老化，抗电磁干扰性、长期稳定性较差
微震观测	利用地震学方法对岩体破坏程度进行预测、预报	能分析覆岩的断裂信息，描述空间岩层结构运动和应力场的迁移演化规律	获得的数据量大并且微震事件分布广，难以直观地反映覆岩行为；检测效率受多种因素干扰

分布式光纤感测技术是一种以光为载体，光纤为媒介，感知和传输外界信号的新技术。光在光纤中传播时，其特征参量(如振动、相位、频率和波长等)会随外界因素(如温度、压力、磁场、电场、核辐射等)的变化而改变。目前，大量的光纤传感器被成功研制，并被广泛地应用于航空航天、国防军事、土木工程、水利工程、能源、环保、智能结构和生物医学等领域。它除了具有体积小、耐腐蚀、抗干

扰、灵敏度高等特性外，还能实现长距离、分布式、实时监测的目标，具有广阔的工程应用前景。

目前，陕北榆神府煤田已有的导水裂缝带高度观测数据表明，导水裂缝带发育规律明显区别于我国东部地区，主要体现在现行规定中导水裂缝带高度计算的经验公式（导水裂缝带高度为采高的10～15倍）等与本地区实测结果（导水裂缝带高度约为采高的20倍以上）存在巨大差异，造成导水裂缝带发育高度存在巨大异常的机制目前也仅停留在假想阶段。在大型机械化开采、快速推进、大采高采煤的今天，作为水体漏失的主要路径，研究导水裂缝带发育规律意义重大，其研究结果不仅可应用于陕北矿区，对整个西北侏罗系煤田水害防治与保水采煤都有普遍借鉴意义。

1.2.4 采动裂隙岩（土）体的渗透性（隔水性）演化规律研究现状

煤层上覆隔水岩（土）层在采动附加应力的作用下会产生移动、变形与破坏，其渗透性（隔水性）发生变异，导致矿井突水及浅表层水流失，生态环境破坏等灾害。渗透性强弱常用渗透系数或渗透率来衡量，可通过室内渗透实验、裂隙测量法、现场原位压水试验及模型预测等方法获得。《水利水电工程地质勘察规范》（GB 50487—2008）根据渗透系数、透水率及岩体特征将岩（土）体渗透性划分成6个等级，如表1-2所列。

表1-2 岩（土）体渗透性分级

<table>
<tr><th rowspan="2">渗透性等级</th><th colspan="2">标准</th><th rowspan="2">岩体特征</th><th rowspan="2">土类型</th></tr>
<tr><th>渗透系数 K/(cm/s)</th><th>透水率 q/Lu</th></tr>
<tr><td>极微透水</td><td>$K<10^{-6}$</td><td>$q<0.1$</td><td>完整岩石，含等价开度小于0.025 mm裂隙的岩体</td><td>黏土</td></tr>
<tr><td>微透水</td><td>$10^{-6}\leqslant K<10^{-5}$</td><td>$0.1\leqslant q<1$</td><td>含等价开度在0.025～0.05 mm裂隙的岩体</td><td>黏土-粉土</td></tr>
<tr><td>弱透水</td><td>$10^{-5}\leqslant K<10^{-4}$</td><td>$1\leqslant q<10$</td><td>含等价开度在0.05～0.1 mm裂隙的岩体</td><td>粉土-细粒土质砂</td></tr>
<tr><td>中等透水</td><td>$10^{-4}\leqslant K<10^{-2}$</td><td>$10\leqslant q<100$</td><td>含等价开度在0.1～0.5 mm裂隙的岩体</td><td>砂-砂砾</td></tr>
<tr><td>强透水</td><td>$10^{-2}\leqslant K<1$</td><td rowspan="2">$q\geqslant 100$</td><td>含等价开度在0.5～2.5 mm裂隙的岩体</td><td>砂砾-砾石、卵石</td></tr>
<tr><td>极强透水</td><td>$K\geqslant 1$</td><td>含连通孔洞或等价开度大于2.5 mm裂隙的岩体</td><td>粒径均匀的巨砾</td></tr>
</table>

黄震等对深部巷道底板岩体进行了高压压水原位测试，得到了大量深部岩体渗透性数据。姜振泉等通过不同压力下全应力-应变渗透性试验，分析了软、硬岩石渗透性差异，认为岩石变形破坏过程的渗透性主要取决于变形破坏的形式和性质。H. L. Cheng 和 I. W. Farmer 分析了裂隙开度、结构面粗糙度系数和裂隙面抗压强度之间的关系，提出了一个有效评价裂隙岩体孔隙率和渗透性的计算模型。A. Kayabasi 等基于 400 余例压水试验结果研究了岩石质量指标(RQD)、结构面间距及表面特征，利用非线性回归分析和自适应模糊推理评价了岩体渗透性的变化规律。

国外关于煤层开采过程中覆岩渗透性变化规律的研究较早，主要从数值模拟、理论分析和现场试验 3 个方面开展。M. Bai 和 D. Elsworth 在分析覆岩应变与岩石渗透系数内在联系的基础上利用有限元软件建立数值模型，计算了采动前后上覆岩层渗透性的变化。J. M. Kim 等建立多维有限元模型模拟不同饱和度裂隙岩层的变形与水流的流固耦合效应，研究了裂隙介质孔隙度-渗透系数-应变的联系。J. S. Walker 研究了长壁开采覆岩应力状态与地下水水位变化的联系，指出地下水水位在岩层拉伸区呈下降趋势，在压缩区则呈上升趋势。I. Forster 和 J. Enever 根据采空区上覆岩(土)层运动行为特征、岩石渗透性和水压的变化，建立了回采盘区水文地质模型。张杰等为分析采动岩体破坏及渗流场，建立了采动覆岩渗透性与应力的数学关系模型。W. J. Gale 利用 UDEC 软件模拟了采动围岩破裂、垮落、应力分布及岩体渗透性的变化，指出离层发生位置岩层在水平方向的渗透性显著增加。郭华明等建立了 COSFLOW 模型，研究了采动岩层渗透性变化，预测了采动裂缝带内地下水的流动和瓦斯涌出。

很多学者在原位测试的基础上，得到了采动裂隙岩体渗透性的变化特征。C. J. Neate 和 B. N. Whittaker 利用压水试验测试了 Lynemouth 煤矿长壁采煤工作面覆岩渗透系数，指出其渗透系数增加约 3 个数量级。C. Ö. Karacan 和 G. V. R. Goodman根据实测结果分析了采动覆岩渗透性变化，就开采深度、监测孔位置和开采强度对渗透性变化的影响进行了探讨。S. Schatzel 等在对采空区上覆岩层中水流特性长期监测的基础上指出采后覆岩渗透性大幅增加，在开采 7 个月后仍继续变化。D. P. Adhikary 等利用原位压水试验测试采动裂隙岩体渗透性的结果表明，巷道开采与煤层开挖引起围岩渗透性的增加程度不同，前者渗透系数增加 50 倍以上，后者则增加 1 000 倍以上。

很多专家、学者在矿井突水机理与煤矿防治水工作研究中相继进行了采动岩体渗透性相关研究。姚多喜、鲁海峰利用 FLAC 3D 软件建立了流固耦合模型，研究了渗透系数对渗流应变机制的影响，结果表明，采后直接顶岩层渗透系数最大增幅达到了 1 293 倍;马立强等基于应力-渗流耦合数值模型计算,指出覆岩渗透系数随采动裂隙的拓展不断增大,当采动应力恢复时流速明显下降;张杰等建立了固-液两相相似材料模型,分析了采动渗流场-应力场耦合特征,研究了渗流作用对覆岩渗透性的影响。杨天鸿等应用 RFPA-flow 模拟软件仿真模拟实际工作面开采,对覆岩变形破坏动态规律及应力场-渗流场的演化规律进行了研究。彭苏萍、王金安和姜振泉等进行了不同岩性岩石全应力应变过程中的渗透性试验,得出了岩石应力、应变与渗透率的关系,为研究回采过程中岩体渗流特征提供了理论依据。缪协兴等针对煤矿采动破碎岩体高渗透、非达西流特性,利用渗流试验装置进行渗透性测试,建立了能够描述采动岩体渗流非线性和随机性特征的渗流理论。王文学等针对应力恢复对采动裂隙岩体渗透性的作用进行了室内试验,发现应力恢复会造成断裂带裂隙开度、渗透系数的减小。张金才等针对采后岩体破坏及渗流问题进行了系统的试验与研究。王皓等在 Barapukuria 煤矿进行了井下钻孔分段压水原位测试,研究了回采前后覆岩渗透性变化规律。研究结果表明,自导水裂缝带顶部至底部,采后覆岩可分为弱渗透带、中渗透带和强渗透带。

目前针对岩(土)层隔水性研究主要采用现场原位测试、数值模拟、相似材料模拟与理论分析等手段。现场原位测试常采用压水试验,李涛、李文平等进行了隔水土层(新近系上新统保德组红土层与第四系中更新统离石组黄土层)采动前后原位压水试验与模拟采动应力变化过程中土层渗透性演化室内试验,对采动土层渗透性变异特征进行了初步研究。张杰等基于固-液耦合相似材料模拟试验及土层破坏理论分析,认为长壁间隔式开采方法可以抑制采动裂隙在隔水土层中的发育。蔚保宁利用变水头试验对不同水压、固结压力与荷载工况下黏土渗透系数进行了测试,对其渗透性变化进行了定性评价分析。李平通过三轴应力-渗透试验得到了黄土层渗透性与围压的关系,评价了应力卸载条件下黄土层隔水性的变化。董青红与蔡荣研究了松散层下开采底黏裂隙变形和水流冲刷对隔水性的影响,以及采动变形、裂隙演化与渗透性的关系。

上述成果为煤层开采过程中上覆岩(土)体的渗透性(隔水性)变化规律研究奠定了基础。由于采动岩体渗透性测试资料缺乏以及对岩石变形破坏过程的渗透性变化研究较少,对煤层开采后围岩渗透性变化及其分布规律的研究还很有限,煤炭开采过程中渗透性及其控制因素影响规律有待深入研究。针对采动条件下隔水岩(土)层渗透性的研究还较少,特别是关于采后渗透性恢复及其时间效应方面的研究。

1.2.5 “保水采煤”研究现状

“保水采煤”是指在保护、合理利用水资源的前提下采用保水技术或降低开采强度来实现安全绿色开采。随着西部优势煤炭资源的大规模、高强度开发,已造成浅表层水资源大量流失、地表生态环境恶化等。随着矿区生态环境保护工作越来越得到广泛重视,越来越多的学者投身到“保水采煤”实践与研究中,取得了一系列重要研究成果。

近20年来,西北矿区煤层开采顶板突水、地表水资源破坏及次生灾害不断出现,已有众多学者对突水灾害及潜水漏失进行了研究。在20世纪末西北矿区侏罗系煤层开发初期,叶贵钧、张莱在“我国西部侏罗系煤田(榆神府矿区)保水采煤及地质环境综合研究”中提出“保水采煤”概念。范立民等指出神木矿区煤层开采引起地下水水位明显下降,率先提出煤、水和生态统一规划思路,并开展了大量实践研究。李文平等率先对榆神府矿区保水采煤工程地质条件进行分区,按照水文工程地质特性将研究区分为“砂-基”“土-基”“砂-土-基”“基岩”“烧变岩”5类,并初步给出了“保水采煤”技术措施,为之后的研究奠定了基础。李文平等还基于西北“保水采煤”关键隔水层新近系上新统红土层的工程地质研究提出了“隔水层再造”这一命题,基于浅表层水资源量和“保水采煤”环境工程地质模式分布特征,提出了“保水采煤”矿井等级类型划分方法。此外,王双明等分析了生态脆弱矿区内含(隔)水层的特征及保水开采分区问题,提出了生态水位保护下采煤概念,深入分析了我国西部煤炭绿色开发地质保障技术,并指明其发展趋势。黄庆享等指出我国西部浅埋煤层保水开采的核心理念是保护生态水位,保水开采岩层控制的理论基础是隔水层的稳定性,研究了煤层之上隔水黏土层存在下行裂隙概念,并分析了采后弥合的可能性,给出了“上行裂缝带”发育高度和“下行裂缝带”发育深度的计算公式,建立了以隔水岩组厚度与采高之比(隔采比)为指标的隔水岩组隔水性判据。钱鸣高、许家林等提出了“科学开采”概念及相应的工程实践措施。张东升等研究了砂-基型浅埋煤层保水开采技术及其适用条件分类,对保水开采的内涵进行了概括,指出“保水采煤就是通过选择适宜的采煤工艺和方法,使采动影响对含水结构不造成破坏,或含水结构虽受一定的影响,造成部分水资源流失,但在一定时间后含水层水位仍可恢复,流失量应保证最低水位不严重影响地表生态环境,并保证水质无污染”。以张东升为首的973计划“我国西北煤炭开采中的水资源保护基础理论研究”项目组围绕西北煤炭开采中水资源保护基础理论研究中的关键科学问题,分析了西北煤田地层结构特征、采动覆岩结构与隔水层稳定性时空演变规律和水资源保护性采煤机理与控制理论,构建了西北矿区不同生态地质环境类型的生态-水-煤系地层空间赋存结构模型。“西部煤炭高强度开采下地质灾害防治与环境保护基础研究”项目组从地质环境条件、地质灾害形成机理、预测评价方法和灾害防治理论等4个方面,开展了西部煤炭高强度开采下地质灾害防治研究。钱鸣高、缪协兴等提出了“绿色开采”概念及相应的工程实践措施。武强等阐述了“煤-水”双资源型矿井开采概念与内涵，提出了根据主采煤层的具体充水条件优化开采方法和参数工艺、多位一体优化组合、井下洁污水分流分排、水文地质条件人工干预、充填开采等“煤-水”双资源型矿井开采的技术和方法。孙亚军等针对神东矿区不同的水文地质结构类型，提出了神东矿区的“保水采煤”的基本原则以及矿区重要水源地、厚基岩含水层、烧变岩含水层、水资源转移存储、矿井水资源利用等“保水采煤”的关键技术。蒋泽泉、李涛等对神南矿区隔水层隔水性的开采响应及保护层厚度进行了研究；采用现场实测、数值计算等手段剖析了过沟开采“保水采煤”的影响因素及分区标准，并基于分区特性提出了过沟保水关键技术。赵春虎、虎维岳等给出了西部干旱矿区采煤引起潜水损失量的定量评价方法。侯恩科等对榆神府矿区重要的生态水源烧变岩水的富水特征与采动水量损失预计进行了研究。张玉军等通过现场实测和模拟计算，分析了黏土层对采动裂隙的抑制作用。

国外学者对矿区水资源及生态评价与保护也做了一定的研究。C. Booth 等学者在 20 世纪末对美国伊利诺伊州煤层开采对潜埋含水层的影响进行了系统的研究，对含水层的水理性质、物理性质进行了动态评价。A. Karaman 等学者从煤层上覆含水层在采动期间渗透性与储水能力的角度出发，对煤炭开采与地下水水位的响应关系进行了系统的研究。国外关于干旱地区采煤的经验很少，仅见澳大利亚与南非两个国家的相关报道。关于如何协调煤炭高强度开采与水资源生态保护矛盾的研究较少，相关成果集中体现在两个方面：① 阻隔层采后依然具有一定隔水能力，可阻断含水层与采空区的水力联系，水资源不会遭到破坏；② 采后覆岩裂隙闭合与孔隙度变化是采动含水层在补给条件下水位恢复的主要原因。

目前保水采煤工作还在探索阶段，还需要在开采方法、采动裂缝发育规律、水文工程地质条件分区、潜水采动响应、保水开采措施等方面进行进一步的研究，特别是关于不同厚度、不同岩性的残留保护层下潜水的漏失规律的研究。

1.3 研究内容及方法

本书从水文地质、工程地质角度出发，以陕北榆神府矿区为研究背景，以金鸡滩煤矿为研究中心，以煤层上覆岩(土)体及萨拉乌苏组沙层潜水为主要研究对象，运用室内试验测试、现场原位测试、数值模拟、物理相似模拟、理论分析及

野外地质调查等多种手段展开研究。研究内容主要分为以下5个部分:

(1)研究区自然地理与地质背景

综合分析相关文献、地质勘察、野外调查、水文工程地质参数测试、遥感影像分析等成果,掌握研究区自然地理概况与地质背景;查明研究区水文地质条件,特别是含隔水层空间赋存结构与地下水补径排特征;研究覆岩工程地质特性,对比分析研究区与东部矿区的覆岩结构及强度的差异。

(2)导水裂缝带高度传统探查与动态监测

利用钻孔冲洗液消耗量观测、岩芯工程地质编录、电视测井及地球物理测井方法对工作面不同位置处采动覆岩破坏高度与形态进行探查。在分析常用分布式光纤感测技术(DFOS)特点与适用性的基础上,考虑实际监测要求,基于BOTDR技术对采动过程中覆岩变形破坏进行了分布式动态监测,并对监测结果与耦合性进行评价。确定导水裂缝带的稳定高度、最大高度,分析其动态变化过程。

(3)采动覆岩变形破坏特征及演化规律

分析采动覆岩变形破坏的垂向分带性及其空间展布特征,基于关键层理论与薄板理论计算覆岩导水裂缝带的动态发育高度。基于大量的实测数据,分析陕北地区覆岩导水裂缝带高度的影响因素,并利用线性回归分析得到导水裂缝带高度预计经验公式,对其准确性进行验证与分析。此外,在分析陕北侏罗系煤层覆岩结构特征的基础上研究陕北地区导水裂缝带发育异常机理。

(4)采动损伤岩(土)体渗透性演化规律

利用现场压水试验、光纤动态监测、室内渗透性试验等,研究采动损伤与应力恢复过程中裂隙岩体渗透性的变化规律,分析采动过程中土层隔水性降低与恢复的动态变化和时间效应;基于研发的实验装置获得土层的渗透系数并分析水压与土层厚度对红土层、黄土层渗透系数取值的影响。

(5)高强度开采条件下井下水害与地表生态环境响应关系

在分析工作面水文地质条件与开采条件的基础上,基于前文的研究成果,利用理论计算、数值模拟、相似材料模拟等方法,分析煤层采动裂隙发育特征、开采充水条件,研究工作面高强度开采条件下井下水害与地表生态环境响应关系。

1.4 技术路线

针对上述主要研究内容及方法,本书技术路线从研究对象、研究问题、研究内容、研究方法和预期成果5个方面展开,详见图1-5。

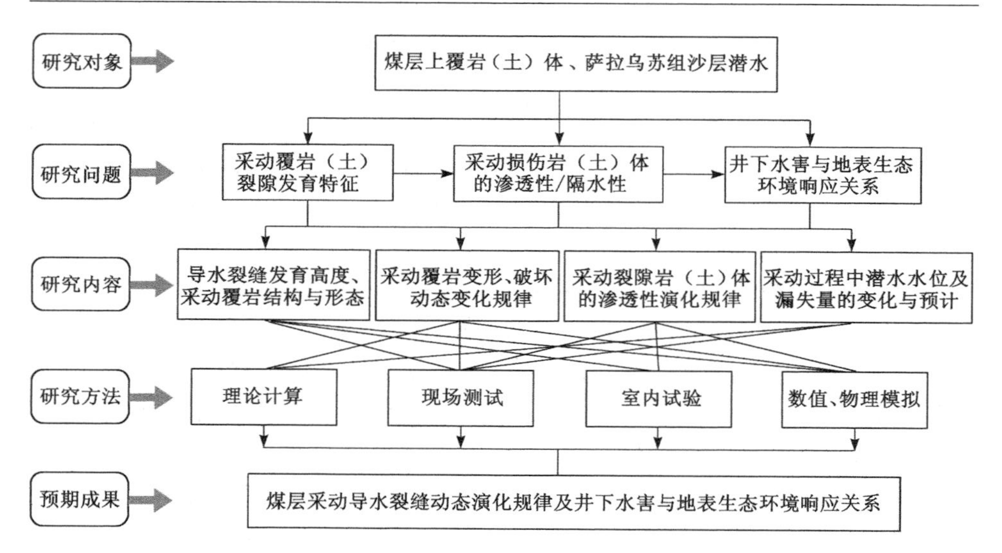
研究对象
煤层上覆岩（土）体、萨拉乌苏组沙层潜水
研究问题
采动覆岩（土）裂隙发育特征
采动损伤岩（土）体的渗透性/隔水性
井下水害与地表生态环境响应关系
研究内容
导水裂缝发育高度、采动覆岩结构与形态
采动覆岩变形、破坏动态变化规律
采动裂隙岩（土）体的渗透性演化规律
采动过程中潜水水位及漏失量的变化与预计
研究方法
理论计算
现场测试
室内试验
数值、物理模拟
预期成果
煤层采动导水裂缝动态演化规律及井下水害与地表生态环境响应关系

图 1-5　研究技术路线图

2 研究区概况

本章介绍了研究区的自然地理及地质背景，在地质调查与勘探资料基础上进行了相关水力、物理参数室内测试，查明了研究区的水文地质条件，分析了覆岩结构及其工程地质特性，为后续研究的开展奠定了基础。

2.1 自然地理

2.1.1 地理位置

研究区金鸡滩井田位于陕西省榆林市榆阳区，行政区划隶属金鸡滩乡和孟家湾乡管辖，地理坐标为东经 109°42′32″～109°51′44″，北纬 38°28′15″～38°35′59″。井田走向长度约为 11.44 km，倾斜宽度约为 8.77 km，覆盖面积约为 98.52 km^2。研究区南邻杭来湾煤矿，西邻海流滩井田和银河煤矿，东邻曹家滩煤矿，东南邻榆树湾煤矿。

2.1.2 地形地貌

研究区位于毛乌素沙漠东南边缘，总体地形东高西低。最高处位于井田东端喇嘛滩南侧，标高＋1 276 m；最低处位于三道河则，标高＋1 180 m。风沙滩地既是金鸡滩井田也是榆神府矿区的主要地貌类型。研究区内还零星分布黄土梁峁和河谷阶地两种地貌类型。黄土梁峁主要分布在元瓦滩西南部，河谷地貌主要分布在三道河则和二道河则。研究区 3 种地貌见图 2-1。

风沙滩地地貌内有大量以沙蒿、沙柳和沙打旺为主的植物与农作物，还有小面积的低洼草滩和杨树、柳树等杂木林。由于分布面积广、生活生产依赖性强、采前生态环境较好，该地貌内保水开采是陕北矿区可持续发展的重中之重。

2.1.3 气象气候

研究区地处中纬度中温带，受极地大陆冷气团影响时间较长，属于典型的干旱半干旱大陆性季风气候。四季变化明显，春季干旱，夏季炎热，秋季凉爽，冬季寒冷。全年无霜期短，一般在 10 月初即上冻，次年 4 月初解冻。多年最高气温

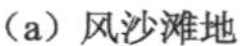
(a) 风沙滩地

(b) 黄土梁峁

(c) 河谷阶地

图 2-1 研究区地貌

+39.0 ℃(2005 年 6 月),最低气温−32.7 ℃(1954 年 2 月),昼夜温差较大。多年平均降雨量为 406.18 mm(2005—2015 年),降雨多集中在六、七、八、九 4 个月,约占全年降雨量的三分之二。榆林市年平均蒸发量为 1 774.91 mm(2005—2015 年)。研究区多年平均相对湿度为 55%,最大冻土深度达 146 cm(1968 年)。

2.1.4 植物群落

研究区植被多为旱生植被,整体覆盖率较低。风沙滩地地貌的植被状况与萨拉乌苏组潜水关系密切,在潜水富水性较低或者水位埋深较大的位置,植被覆盖率相对较低;在沙丘间的低湿滩地区,沙柳和柠条等灌丛植物则相对茂盛。黄土梁峁地貌植被覆盖率相对于风沙滩地略低,多以草本植物为主。河谷阶地地貌植被最为旺盛,以乔木为主,植被类型也最为丰富。

2.2 地质背景

根据地质勘探成果及煤炭开采过程中的揭露情况,对区内地层岩性、煤层与地质构造进行了分析总结,具体分述如下。

2.2.1 地层岩性

区内地层由老至新依次为:侏罗系下统富县组(J_1f),中统延安组(J_2y)、直罗组(J_2z)、安定组(J_2a),新近系上新统保德组(N_2b),第四系中更新统离石组(Q_2l),第四系上更新统萨拉乌苏组(Q_3s)、全新统风积沙(Q_4^{eol})和冲积层(Q_4^{al}),具体如图 2-2 所示。区内绝大部分地表被 Q_4^{eol} 与 Q_3s 沙层覆盖,局部地区 Q_2l 黄土层及 N_2b 红土层出露地表,基岩在万家小滩和三道河则两侧零星出露。

2.2.2 煤层

井田主要含煤地层为侏罗系中统延安组,该组岩性横向变化较大,垂向层序

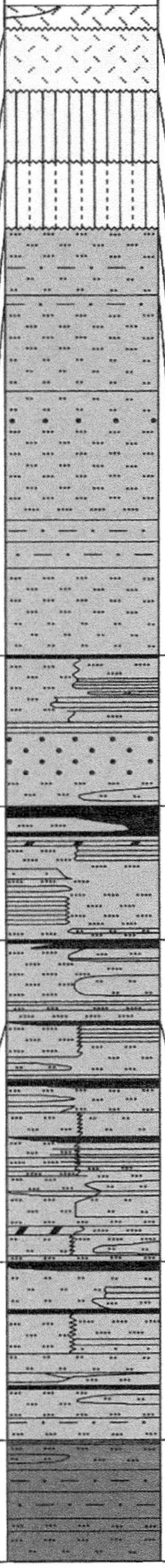

地层系统					岩芯柱状	层厚 (最小值~最大值/平均值)/m	累厚/m	岩性特征
界	系	统	组	段				
新生界	第四系	全新统Q_4				0～46.60 8.02	8.02	以现代风积沙为主，为中细砂及砂土，河谷滩地低洼处有洪、冲积层
		上更新统Q_3	萨拉乌苏组Q_3s			0～52.40 21.21	29.23	上部为灰黄、灰色粉细砂及亚砂土，具层状构造；下部为浅灰、黑褐色亚砂土夹砂质亚黏土；底部有砾石
		中更新统Q_2	离石组Q_2l			0～65.95 24.00	53.23	浅棕黄、褐黄色亚黏土及亚砂土，夹粉土质砂层，薄层褐色古土壤层及钙质结核层，底部具有砾石层
	新近系	上新统N_2	保德组N_2b			0～49.56 21.51	74.74	棕红色黏土及亚黏土，夹钙质结核层，底部局部有浅红色、灰黄色砾岩，含脊柱动物化石
中生界	侏罗系	中统J_2	安定组J_2a			0～47.04 15.66	90.40	以紫红色、褐红色巨厚层状中、粗粒长石砂岩为主，具浅紫红色疙瘩状斑点。夹紫红色、灰绿色粉砂岩、砂质泥岩
			直罗组J_2z			75.26～164.17 101.87	192.27	下部为灰白色中、粗砂岩，发育大型板状交错层理、块状交错层理，具明显的底部冲刷特征。含浅灰白色豆状斑点，风化后呈瘤状凸起。中上部为灰绿色、蓝灰色团块状粉砂岩、粉砂质泥岩、泥岩，具豆状斑点
			延安组J_2y	第五段		5.56～80.20 57.59	249.86	自2^{-2}煤层顶板至煤系顶界，遭古直罗河冲刷井田西部及南端仅有数米。岩性简单，以灰白色巨厚层状富云母中、粗砂岩为主，具大型交错层理
				第四段		16.88～69.49 52.07	301.93	自3^{-1}煤层顶板至2^{-2}煤层顶面。浅水三角洲沉积，底部以灰色粉砂岩为主；中下部以灰白色细、中砂岩为主；上部以（深）灰色粉砂岩及泥岩为主
				第三段		25.45～44.92 28.79	330.72	自4^{-1}煤层顶板至3^{-1}煤层顶面。单一层序结构的三角洲沉积，岩性以（深）灰色粉砂岩及泥岩为主，发育微波状及水平层理
				第二段		59.75～81.10 73.03	403.75	自5^{-2}煤层顶板至4^{-1}煤层顶面。为浅水三角洲沉积，岩性以厚层状灰白色粗、中、细粒长石砂岩为主，具交错层理、均匀层理
				第一段		50.03～63.45 58.53	462.28	自延安组底部至5^{-2}煤层顶面。中下部为滨浅湖相沉积，呈正粒序。下部为浅水三角洲沉积，部分地段呈先反后正复合粒序。岩性以灰色粉砂岩、泥岩及灰白色中、细砂岩为主
		下统J_1	富县组J_1f			0～147.86 30.76	493.04	研究区仅上旋回发育，下、中部为巨厚层状灰白色石英砂岩，含石英砾。顶部为灰绿色、紫色粉砂岩、砂质泥岩

图 2-2　研究区地层综合柱状图

清晰。自下而上划分为一至五段，每段均含一个煤组，自上而下依次为1～5煤组。具有对比意义的煤层共11层，其中，主要可采煤层有3层，分别为2^{-2}煤层、3^{-1}煤层与5^{-2}煤层。目前开采的2^{-2}煤层，埋深220～317 m，由东北向西南逐渐分岔为$2^{-2\text{上}}$煤层和$2^{-2\text{下}}$煤层，煤层最大厚度达12.49 m。2^{-2}煤层厚度变化小，以特厚为主，规律性明显，结构简单，基本全区可采，为稳定煤层。主要可采煤层特征如表2-1所列。

表2-1　研究区主要可采煤层特征

煤层编号	煤层厚度 $\left(\frac{最小值\sim最大值}{平均值}\right)$ /m	煤层厚度变异系数	煤层间距 $\left(\frac{最小值\sim最大值}{平均值}\right)$ /m	可采性指数	稳定性
2^{-2}及$2^{-2\text{上}}$	$\frac{5.70\sim12.49}{8.52}$	0.23	$\frac{32.48\sim59.76}{44.27}$	0.99	稳定
3^{-1}及$3^{-1\text{上}}$	$\frac{1.60\sim2.31}{2.04}$	0.21		0.97	稳定
5^{-2}	$\frac{0.96\sim2.17}{1.52}$	0.13	$\frac{83.88\sim110.93}{97.13}$	1.00	稳定

2.2.3　地质构造

研究区金鸡滩井田位于中朝大陆板块的西部，鄂尔多斯陆向斜的东翼。基底为前震旦系坚固结晶岩系，印支期构造运动及其以后的历次运动均未对其构成明显的影响，主要表现为垂直方向的升降运动，形成了一系列的假整合面以及小角度不整合面。基底中主要存在吴堡-靖边EW向、保德-吴旗NE向、榆林西-神木西NE向构造带，对煤田的形成与分布具有一定的控制作用，具体如图2-3所示。地层总体呈NW向缓倾斜，倾角小于1°，局部地段呈现大小不一的波状起伏，区内未发现大型断层构造，亦无岩浆活动迹象。

2.3　水文地质条件

在钻探、物探、现场原位试验、室内试验的基础上，对研究区地表水系、含(隔)水层水文地质参数及含(隔)水层空间赋存结构与特征进行了分析，为分析煤层开采过程中的井下水害与地面生态响应关系奠定了基础。

2.3.1　地表水系

研究区位于黄河一级支流无定河的支流榆溪河流域，如图2-3所示。井田范

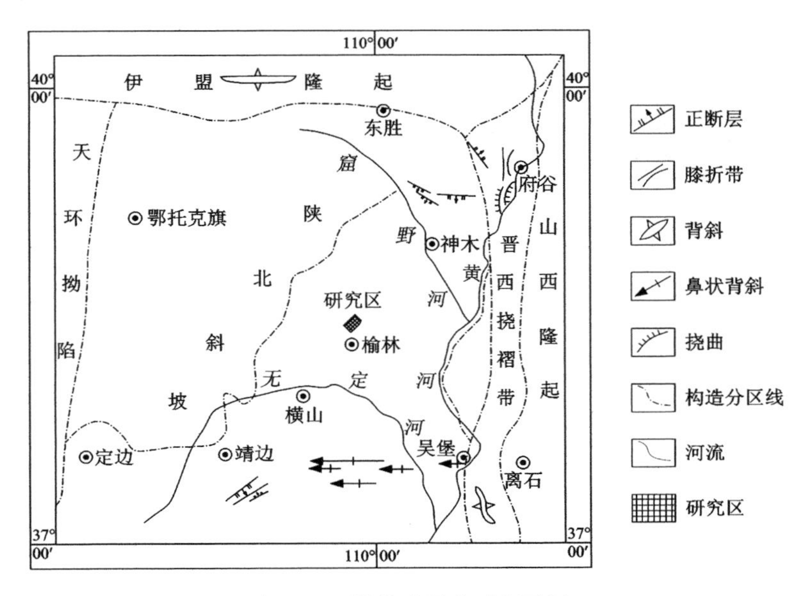

图 2-3 区域构造及水系纲要图

围内的河流较少，主要有二道河则和三道河则两条长年性河流。二道河则发源地为金鸡滩镇马家伙场，河流总长 18 km，流域面积 15 km²，多年平均流量 11 230 m³/d，在牛家梁乡李家伙场村东侧汇入榆溪河；井田内河流长约 1.9 km，平均流量 5 147 m³/d。三道河则发源地为孟家湾乡东大免兔村北，河流总长 15 km，流域面积 130 km²，多年平均流量 17 280 m³/d，在牛家梁乡王化圪堵村南侧汇入榆溪河；井田内河流长约 3.7 km，平均流量 13 022 m³/d，雨季流量可达 50 000 m³/d 以上。井田地形平坦、开阔，二道河则及三道河则在井田内切割较浅，地下水从东北向西南方向径流，于河谷出露处排泄，因区内地势平缓，水力坡度较小，两条河流在金鸡滩井田范围内流程较短，两条河流之间无明显的分水岭存在。两条河流均位于金鸡滩井田边界附近，距离开采工作面较远，对开采基本无影响。研究区内原有一些海子，但大多已淤平干涸，其蓄水量很小。

2.3.2 含(隔)水层空间赋存结构及特征

区内含水层自上而下分别为：第四系沙层孔隙潜水含水层，风化基岩孔隙-裂隙承压含水层，侏罗系安定组、直罗组与延安组基岩孔隙-裂隙承压含水层；相对隔水层自上而下分别为：第四系中更新统离石组黄土相对隔水层、新近系上新统保德组红土相对隔水层。含(隔)水层空间关系如图 2-4 所示。

(1) 含水层

① 第四系沙层孔隙潜水含水层($Q_4^{al}+Q_4^{eol}+Q_3s$)

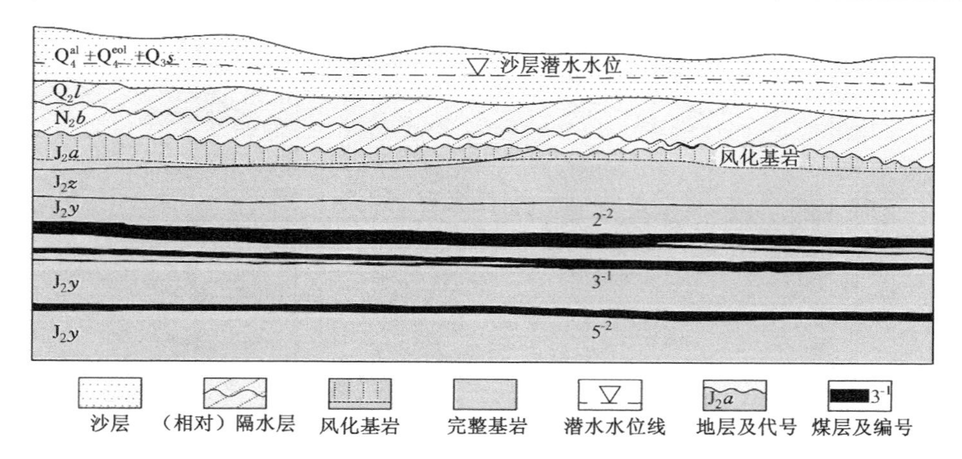

图 2-4　含(隔)水层空间关系示意图

该含水层由第四系冲积层、风积沙与萨拉乌苏组沙层构成，潜水水位埋深 0.50～4.60 m，标高 1 194.18～1 267.81 m，水位总体上呈东南高、西北低的趋势，地下水自南东向北西径流；厚度一般 10～50 m，受下伏地层顶面形态控制，变化较大，最厚达 82.82 m，局部无沙层含水层，如图 2-5 所示。冲积层主要在二道河则与三道河则交汇处，呈带状分布，以细砂、中粗砂为主，厚度一般小于 5 m。风积沙广泛分布，岩性以粉细砂为主，厚度变化大。萨拉乌苏组潜水含水层多被风积沙掩

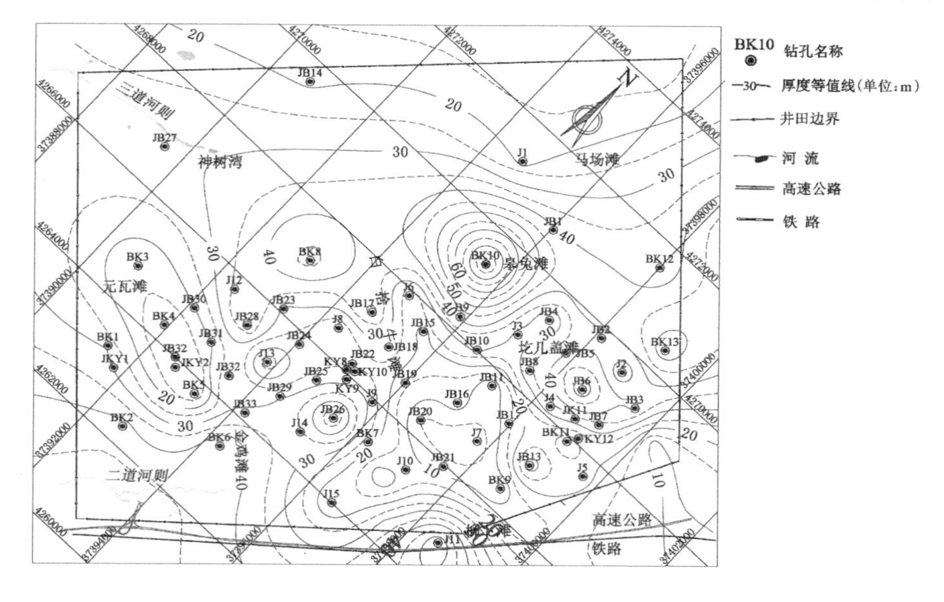

图 2-5　第四系沙层孔隙潜水含水层厚度等值线图

盖，局部以滩地的形式出露，岩性多以黄褐色细砂、夹有粉砂的中砂及泥质条带透镜体为主。该沙层孔隙潜水含水层结构松散，极易接受大气降水补给。

根据抽水试验资料（表 2-2）可知，该含水层单位涌水量 $q=0.016\sim0.287$ L/(s·m)，渗透系数 $K=0.064\sim3.444$ m/d，水化学类型为 HCO_3—Ca～HCO_3·SO_4—Ca·Na。大部分地段为中等富水性区域，弱富水性区域主要分布于万家梁及马圈坬土层出露外围区域。

表 2-2 第四系沙层孔隙潜水含水层抽水试验成果表

孔号	水位埋深/m	含水层厚度/m	单位涌水量/[L/(s·m)]	渗透系数/(m/d)	影响半径/m	水化学类型
检 1	3.70	10.90	0.184	3.444	88.12	HCO_3—Ca
检 4	3.30	5.26	0.104	3.202	46.55	HCO_3·SO_4—Ca·Na
J14	2.06	31.85	0.287	2.729	153.82	HCO_3—Ca·Na
JB10	0.64	31.50	0.148	1.753	27.02	HCO_3—Ca
JKY2	3.98	12.37	0.016	0.064	26.91	HCO_3—Ca

② 风化基岩孔隙-裂隙承压含水层

风化基岩孔隙-裂隙承压含水层在井田内连续分布于基岩顶部，岩性以粉砂岩、泥岩、中粗砂岩为主，厚度 14.34～67.65 m，平均 39.84 m，如图 2-6 所示。

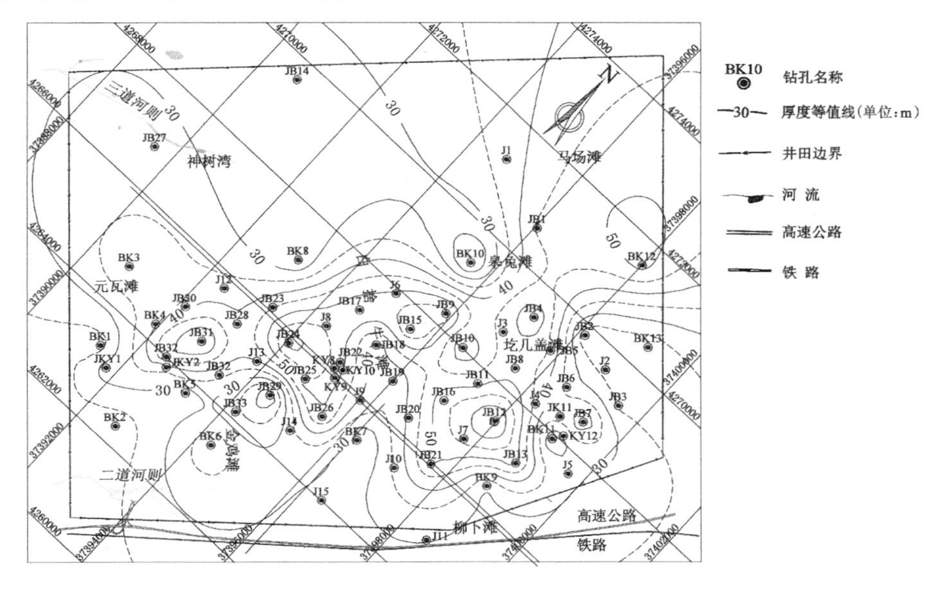

图 2-6 风化基岩厚度等值线图

含水层底界标高 1 124.53～1 229.75 m，平均 1 185.07 m，总体呈东南向北西降低趋势。结构较松散，裂隙较发育，富水性受地形、上覆含(隔)水层特征、风化程度及岩性制约，天然富水性较差。

风化基岩承压含水层抽水试验结果见表 2-3。由表可知，水位埋深 2.58～12.27 m，单位涌水量 q=0.032 0～0.381 0 L/(s·m)，渗透系数 K=0.025 3～1.259 0 m/d，水化学类型以 HCO_3—Ca·Na 为主，富水性弱。需要说明的是，在保德组红土层和离石组黄土层缺失地段，基岩风化裂隙地下水则与上覆的萨拉乌苏组含水层发生一定的水力联系，可能构成统一的含水体，从而导致基岩风化裂隙地下水水量增大。

表 2-3 风化基岩承压含水层抽水试验成果表

孔号	水位埋深/m	含水层厚度/m	单位涌水量/[L/(s·m)]	渗透系数/(m/d)	影响半径/m	水化学类型
检 6	3.41	86.80	0.043 9	0.048 1	58.04	HCO_3—Ca·Na·Mg
BK7	2.58	15.03	0.041 7	0.025 3	44.43	HCO_3—Ca·Na
JKY1	12.27	32.93	0.381 0	1.259 0	127.52	HCO_3—Ca
JKY2	3.62	35.97	0.032 0	0.070 2	86.62	HCO_3—Ca·Na·Mg

③ 基岩孔隙-裂隙承压含水层

基岩孔隙-裂隙承压含水层由侏罗系中统安定组、直罗组与延安组地层构成。其中，安定组地层受剥蚀厚度变化较大，井田中部相对较薄、南北较厚，残存厚度 0～47.04 m，平均 25.66 m。直罗组地层厚度 47.20～175.12 m，平均 128.37 m；在井田东南和西北部砂岩厚度较大，南部和北部较薄，累厚 18.23～92.56 m，平均 46.54 m，如图 2-7 所示。由基岩承压含水层抽水试验结果(表 2-4)可知，直罗组含水层水位埋深 0.69～7.44 m，单位涌水量 q=0.019 3～0.087 5 L/(s·m)，渗透系数 K = 0.023 2 ～ 0.076 2 m/d，水化学类型详见表 2-4，富水性弱。

延安组含水层以中、细砂岩为主，局部含粗砂岩，泥质或钙质胶结，原生节理不发育，部分裂隙处于密闭状态或被方解石充填，裂隙及节理透水性差。水位埋深为 3.20～61.09 m，单位涌水量 q=0.000 5～0.029 6 L/(s·m)，渗透系数 K =0.002 8～0.009 9 m/d，水化学类型详见表 2-4，富水性弱。

2^{-2}煤层顶板延安组承压含水层厚度 0～61.48 m，平均 31.99 m，仅在井田西北角不发育，其厚度等值线图如图 2-8 所示。

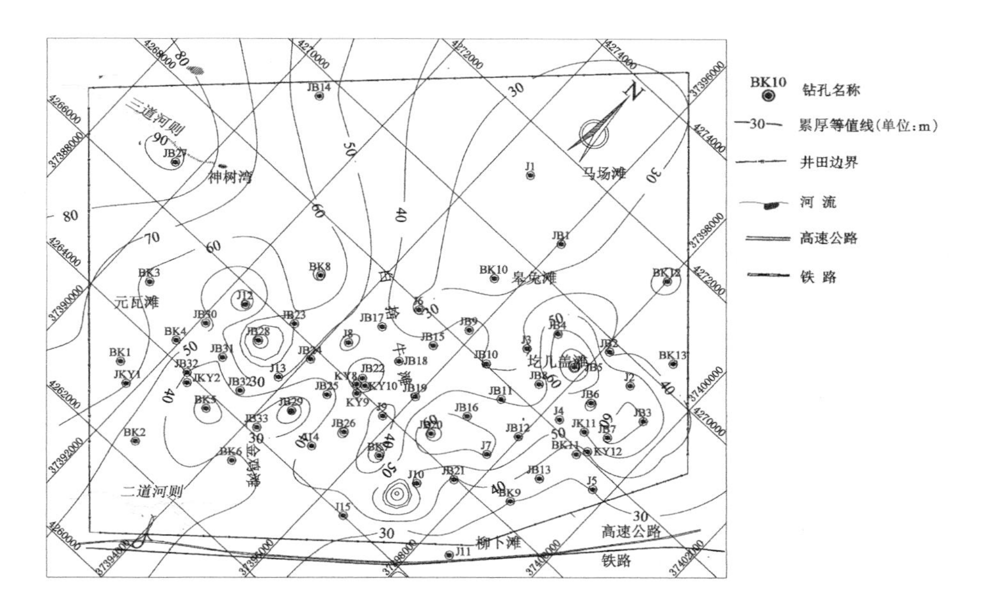

图 2-7　直罗组砂层累厚等值线图

表 2-4　基岩承压含水层抽水试验成果表

孔号	试验段	水位埋深/m	含水层厚度/m	单位涌水量/[L/(s·m)]	渗透系数/(m/d)	影响半径/m	水化学类型
检 5	J_2z	7.44	48.91	0.019 8	0.038 7	50.44	HCO_3—Ca·Na·Mg
Y35	J_2z	0.69	38.58	0.087 5	0.023 2	76.62	HCO_3—Ca·Na
JB10	J_2z	3.31	59.92	0.024 2	0.043 0	110.67	HCO_3—Ca·Na
BK9	J_2z	6.55	23.44	0.019 3	0.076 2	55.67	HCO_3—Ca
检 3	J_2y	3.20	61.48	0.029 6	0.009 9	61.54	HCO_3—Na·Ca
BK5	J_2y	14.72	53.80	0.001 3	0.002 8	45.00	HCO_3·SO_4—Ca·Na
BK11	J_2y^5	33.03	8.30	0.000 5	0.006 4	56.47	SO_4—Na
JB19	J_2y^5	61.09	19.64	0.001 3	0.009 5	30.29	CO_3—Na
J4	J_2z+J_2y	6.64	110.15	0.008 2	0.006 9	26.61	HCO_3—Na
J14	J_2z+J_2y	3.38	65.78	0.009 9	0.009 3	34.26	HCO_3—Na·Ca
BK4	J_2z+J_2y	7.43	47.28	0.014 1	0.053 6	108.00	HCO_3·SO_4—Na
BK6	J_2z+J_2y	1.74	46.74	0.023 1	0.045 6	47.67	HCO_3—Na·Ca

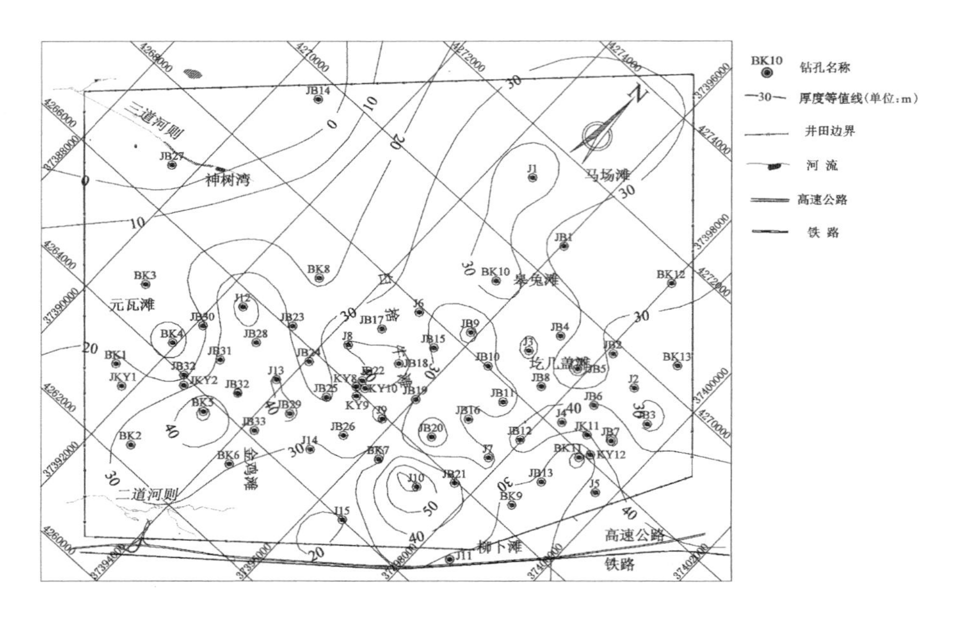

图 2-8　2^{-2}煤层顶板延安组承压含水层厚度等值线图

（2）相对隔水层

① 第四系中更新统离石组黄土相对隔水层（Q_2l）

井田内离石组黄土层呈连续片状分布，井田西部和东南部厚度较大，中部较小，零星缺失，其相对隔水层分布及厚度等值线如图 2-9 所示。分布区内离石组黄土层厚度 0～75.21 m，平均 20.02 m。岩性以粉土为主，垂直裂隙较发育，垂向渗透性较好，渗透系数 0.013 7～0.061 3 m/d，平均 0.038 6 m/d，具有一定的隔水能力。离石组黄土层直接覆盖于保德组红土层之上，与保德组红土层的组合大大增加了对萨拉乌苏组和风积沙含水层水的保护作用。

② 新近系上新统保德组红土相对隔水层（N_2b）

井田内保德组红土层呈不连续分布状态，主要发育在井田西部和东南部，井田大部分区域缺失或厚度较薄，其相对隔水层分布及厚度等值线如图 2-10 所示。分布区内保德组红土层厚度 1.40～49.56 m，平均 13.20 m。岩性为浅红色、棕红色黏土及亚黏土，含不规则的钙质结核，结构较致密，裂隙不发育。富水性极差，渗透系数 0.001 60～0.002 48 m/d，平均 0.002 03 m/d，为井田内沙层潜水的关键隔水层。相对隔水层底界距离 2^{-2}煤层高度等值线图如图 2-11 所示，2^{-2}主采煤层顶板距离土层底界高度 144.65～235.85 m，平均 204.50 m，煤层采动破坏隔水土层可能引起潜水的漏失。

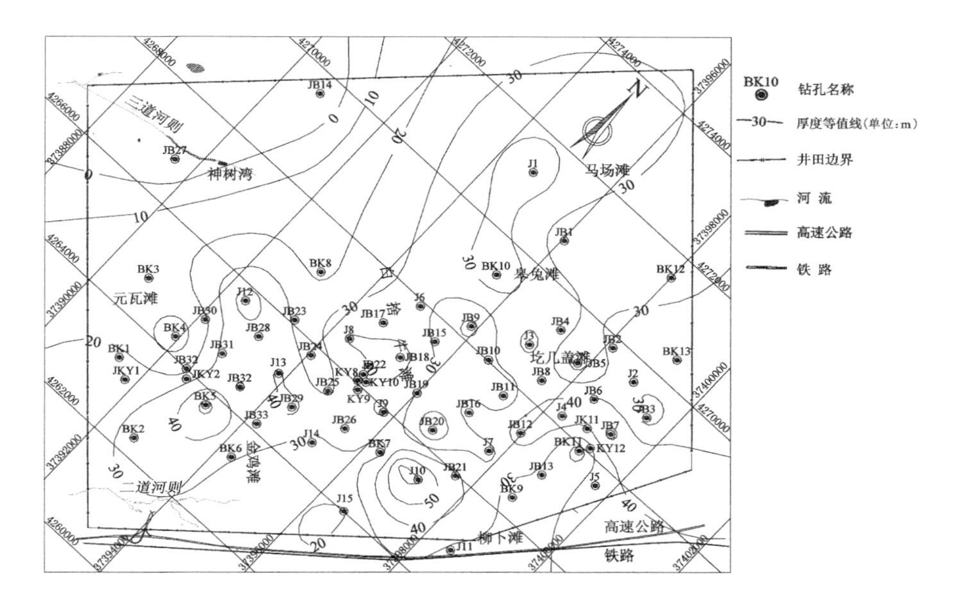

图 2-9　Q_2l 相对隔水层分布及厚度等值线图

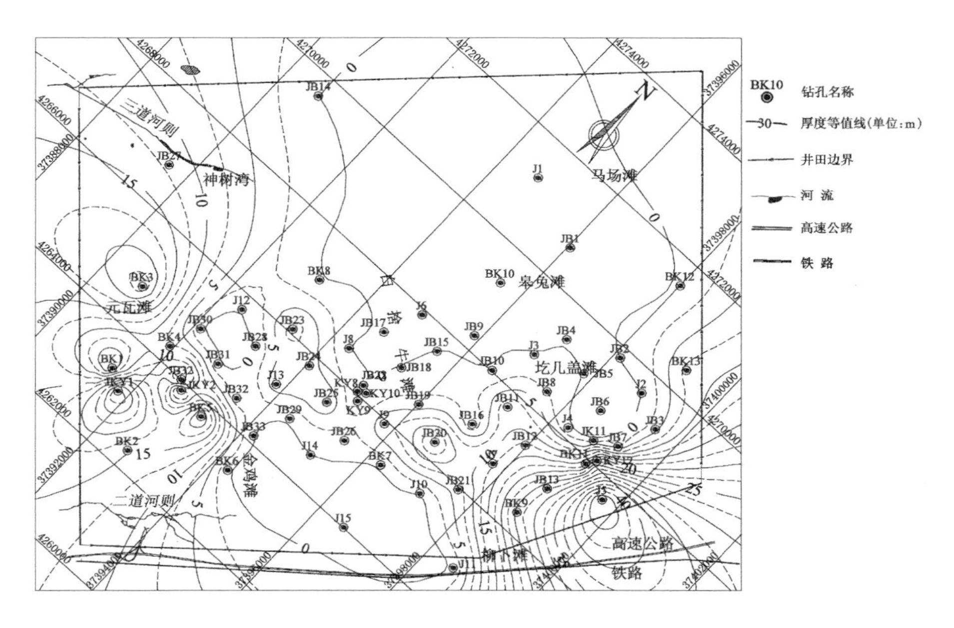

图 2-10　N_2b 相对隔水层分布及厚度等值线图

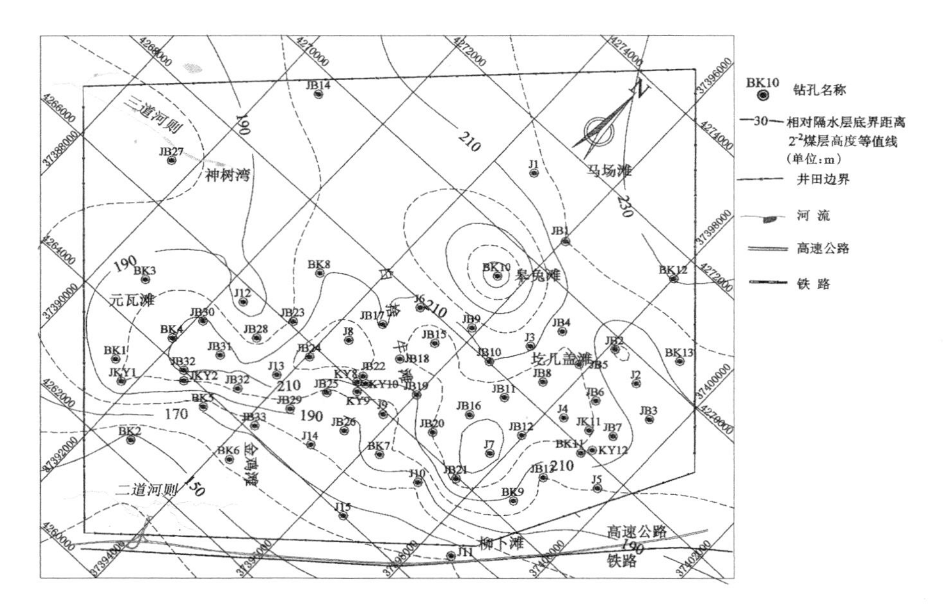

图 2-11 N_2b 相对隔水层底界距离 2^{-2} 煤层高度等值线图

2.3.3 地下水补、径、排条件

(1) 地下水的补给

研究区内第四系沙层潜水含水层主要接受大气降水补给，大气降水除少量蒸发外，几乎全部下渗补给潜水；其次为区域潜水含水层侧向补给；凝结水也为潜水补给来源，但补给量十分微弱。潜水含水层的补给量受降水量、降水强度、降水形式、地形地貌、含水层岩性等多种因素制约，受季节变化明显。侏罗系煤层基岩孔隙-裂隙承压含水层主要接收区域侧向径流补给及上部潜水的越流补给，在井田西部基岩裸露区或松散层甚薄区域可直接接收降水及地表水沿裂隙向岩层内的微弱渗透补给。第四系沙层潜水垂向渗流与越流补给，也是重要的补给来源。

(2) 地下水的径流

第四系沙层潜水含水层的径流强度与形式主要受地形及底部相对隔水土层的形态控制，一般沿黄土层或红土层的顶界面自研究区东北向西南方向潜流运移，区内无明显的分水岭存在，水力坡度较缓。侏罗系煤层基岩孔隙-裂隙承压水主要沿岩层倾向方向往深部径流运移，基岩承压水与潜水存在一定的互补关系，主要通过越流或“天窗”以顶托方式发生水力联系，局部基岩裸露地段地下水流向具有多向性。总体上，松散层沙层孔隙潜水及风化基岩孔隙-裂隙水的径流方向由高至低与现代地形基本吻合，河谷区潜水的径流方向与地表水径流方向斜交；深层地下水径流方向基本沿岩层倾向由研究区东向西或西北方向运移。

（3）地下水的排泄

第四系沙层潜水主要以泉或者渗流的形式进行排泄，补给二道河则、三道河则后转为地表径流，或于低洼地带渗流形成海子、水塘等。在相对隔水土层缺失或厚度不足的区域，潜水发生下渗，补给风化基岩裂隙水。此外，地表水的垂直蒸发、植物蒸腾，尤其是人工开采、农业灌溉也是潜水的主要排泄形式。侏罗系煤层基岩孔隙-裂隙承压水在沟谷切割部位，以泉的形式排泄，补给地表水，部分通过“天窗”以顶托形式排泄补给上部含水层，并有少量的人工开采形式排泄。

2.4　覆岩工程地质特性

依据钻孔揭露及室内岩土物理、水理参数测试结果，在分析岩（土）体工程地质特征的基础上，将覆岩（土）划分为沙层组、土层组、风化岩组、砂岩组及泥岩组5个岩组。各岩组工程地质特性具体如下：

（1）沙层组

该岩组结构极为松散，孔隙率大，透水性强；强度低，承载力低，稳定性差，如图2-12所示。粒径集中在0.075～0.5 mm，中、细砂占据绝对优势。天然含水率ω平均14.78%，天然重度γ平均17.52 kN/m^3，不均匀系数C_u平均3.26，曲率系数C_c平均0.97，级配不良，具体如表2-5所列。风干和水下状态的天然坡角分别为34.0°和28.4°，风力吹蚀流动性较差，水流侵蚀搬运强度具有明显的季节性。

图2-12　松散结构的沙层组

表 2-5　沙层的粒度成分及物理性质

样品编号	粒度成分/%				C_u	C_c	ω /%	γ /(kN/m³)	分类
	0.5～2 mm	0.25～0.5 mm	0.075～0.25 mm	<0.075 mm					
1	0.2	27.6	42.8	29.4	3.80	1.00	17.80	19.5	粉砂
2	0.5	48.5	49.0	2.0	3.15	0.86	13.27	15.8	细砂
3	0.5	43.5	54.5	1.5	2.98	0.82	17.46	19.4	细砂
4	1.0	59.3	38.7	1.0	3.23	1.09	12.77	14.8	中砂
5	1.0	59.0	40.0	0.0	3.15	1.07	12.58	18.1	中砂

(2) 土层组

该岩组包括离石组黄土层与保德组红土层，鲜见地表出露，多被沙层组覆盖。黄土以粉土为主，夹亚砂土及钙质结核，孔隙率大，结构松散，发育直立柱状节理，多处于可塑或硬塑状态，如图 2-13(a)所示。黄土天然含水量 ω 平均 22.5%，天然重度 γ 平均 20.36 kN/m³，孔隙比 e 平均 0.696；液性指数 I_L 小于 0.69；原状饱和黄土的压缩系数 a_{1-2} 平均 0.26 MPa^{-1}，属中等压缩性土，湿陷系数 δ_s 平均 0.008 5。原状黄土内摩擦角 φ 为 23.1°～26.6°，黏聚力 c 为 22.0～79.0 MPa，天然状态下具有一定的抗剪强度。

(a) 离石组黄土

(b) 保德组红土

图 2-13　离石组黄土与保德组红土

红土层土质较细腻，以粉质黏土为主，含少量亚砂土，局部钙质结核成层分布，底部发育红色、灰黄色钙质结核层，土体稍湿，处于硬塑状态，如图 2-13(b)所示。天然含水率 ω 平均 15.9%，天然重度 γ 平均 19.68 kN/m³，孔隙比 e 平均 0.577；液限 W_L 平均 31.49%，塑限 W_p 平均 18.34%，液性指数 I_L 平均 0.21，塑性指数 I_p 平均 13.14；压缩系数 a_{1-2} 平均 0.07 MPa^{-1}，属低压缩性土，湿陷系数 δ_s 一般小于 0.001。原状红土内摩擦角 φ 为 34.2°～36.8°，黏聚力 c 为 59.6～115.9 MPa，天然状态下具有较高的抗剪强度。

(3) 风化岩组

根据野外岩芯鉴定、地球物理测井曲线特征、岩芯采取率以及岩石力学强度综合确定的结果，研究区内该岩组的发育厚度为 14.34～67.65 m。区内安定组、直罗组地层岩石不同程度地遭受风化，风化程度及发育厚度与基岩岩性、结构、胶结物性质的关系密切。安定组风化带岩性以紫红色、暗紫色、紫杂色泥岩，粉砂岩，中、细粒长石砂岩为主；直罗组风化带风化强烈，岩性以灰黄色、灰绿色、灰白色的粉砂岩、细砂岩为主，如图 2-14 所示。风化岩层内部由上到下风化程度逐渐减弱，强风化岩石结构破坏、疏松破碎、裂隙发育、重度小、孔隙率大(n 一般大于 15%)、含水率增大(ω 一般大于 1.0%)，多数岩石遇水短时间内全部崩解或沿裂隙离析。干燥抗压强度损失率为 27%～56%，不同岩石的抗压强度不同，抗压强度降低的幅度也不同，硬脆性的砂岩抗压强度减小的幅度比黏塑性的泥岩要大，如表 2-6 所列。强风化岩体结构面中富集黏土矿物形成软弱泥化夹层，泥质胶结的中、细砂岩中长石、云母等矿物的黏土化使得颗粒间黏结力减弱，对岩体的强度和破坏具有控制作用。黏土矿物中高岭石占比约 35%，蒙脱石占比约 5%。风化裂缝带基岩饱和抗压强度 6.50～14.65 MPa，软化系数为0.53～0.62，RQD 值平均 42.2%，属劣质的软弱岩石，强度小，岩体完整性差。

图 2-14　软弱破碎风化基岩

(4) 砂岩组

该岩组以粉砂岩和细砂岩为主，其次为中、粗砂岩，岩性以石英、长石为主，含云母及暗色矿物质，岩石一般泥质胶结，局部钙质胶结，多形成煤层的基本顶或基本底，以延安组第四段和直罗组底最为突出，其次为各煤层之上的砂岩。原生结构面一般有块状层理、槽状层理、大型板状交错层理，单层厚度大，构造结构面不发育。砂岩类的岩石多属硬脆性岩石，在外力作用下易碎裂、崩塌或垮落，同时其隔水性将大幅减弱或完全丧失，垮落带及裂缝带发育高度较大，裂隙的导水性能好。据室内测试结果（表 2-6）可知，粉砂岩饱水抗压强度 R_c 平均 31.24 MPa，软化系数 K_R 平均 0.57；细砂岩饱水抗压强度 R_c 平均 26.68 MPa，软化系数 K_R 平均 0.62；中砂岩饱水抗压强度 R_c 平均 24.18 MPa，软化系数 K_R 平均0.59；粗砂岩饱水抗压强度 R_c 平均 22.33 MPa，软化系数 K_R 平均 0.58。这说明砂岩组具有一定的抗水性、抗风化性和抗冻性，工程地质性能较好，RQD 值平均67.4%，岩石质量为中等至良好，为井田内稳定性较好的岩组，如图 2-15(a)所示。

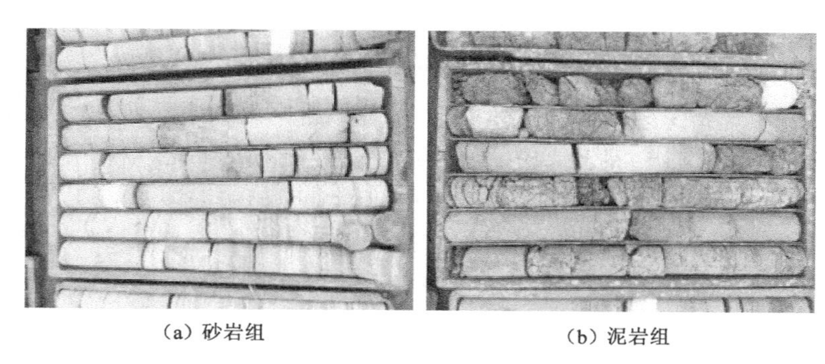

(a) 砂岩组　　(b) 泥岩组

图 2-15　完整基岩中的砂岩组与泥岩组

(5) 泥岩组

该岩组与煤层开采有直接关系，是煤系地层的主要岩组，主要由泥岩、泥质粉砂岩、砂质泥岩组成，岩芯致密坚硬，完整性较好，多以长柱状为主，如图 2-15(b)所示。泥岩组多出现于煤层的直接顶板与底板。泥岩组岩石中含有较高的黏土矿物质和有机质，其由层状结构的岩体组成，发育水平层理、小型交错层理、节理裂隙和滑面等结构面。泥岩组岩石由于所含的黏土矿物质亲水性强，故水稳定性比砂岩组岩石差。黏塑性较强的泥岩、砂质泥岩类岩石采动后容易垮落，但垮落带发育高度较小，裂隙导水性也相对较差。风化及完整基岩的物理力学性质如表 2-6 所列。由表可知，泥岩的饱水抗压强度 R_c 平均 14.90 MPa，软化系数 K_R 平均 0.48；砂质泥岩饱水抗压强度 R_c 平均 21.64 MPa，软化系数 K_R 平均0.58；泥质粉砂岩饱水抗压强度 R_c 平均 22.96 MPa，软化系数 K_R 平均 0.57。这说明泥岩组岩石属易软化软岩，RQD 值平均 55.2%，岩石质量为劣至中等，岩体完整性中等，研究区内泥岩组岩石的工程地质性质明显高于东部矿区，主要表现在强度与完整性。

表 2-6 风化及完整基岩物理力学性质

岩组	岩性	$\rho/(g/cm^3)$	$n/\%$	$\omega/\%$	R_c/MPa	R_m/MPa	c/MPa	$\varphi/(°)$	K_R	$E/(10^4 MPa)$	μ
风化岩组	泥岩	2.21～2.25 2.23(2)	13.88～15.91 14.40(2)	0.92～1.08 1.00(2)							
	粉砂岩	2.22～2.32 2.28(6)	14.80～16.78 15.84(6)	0.97～1.25 1.21(6)	6.70～22.25 14.65(6)	0.42～1.62 1.13(6)	0.85～3.34 2.08(6)	37.21～38.75 38.36(6)	0.52～0.56 0.53(6)	0.15～0.39 0.24(6)	0.18～0.32 0.24(6)
	细砂岩	2.23～2.25 2.24(2)	15.98～16.39 16.19(2)	1.15～1.28 1.22(2)	8.10～18.00 13.05(2)	0.75～1.40 1.08(2)	1.48～2.79 2.14(2)	39.13～39.54 39.34(2)	0.60～0.64 0.62(2)	0.22～0.41 0.32(10)	0.21～0.28 0.25(2)
	中砂岩	2.19～2.22 2.21(3)	15.60～18.01 16.41(3)	0.98～1.36 1.26(3)	7.80～12.30 10.30(3)	0.24～0.98 0.62(3)	0.51～1.87 1.18(3)	39.17～40.69 39.80(3)	0.56～0.59 0.58(3)	0.21～0.46 0.35(3)	0.18～0.34 0.26(3)
	粗砂岩	2.18～2.24 2.21(2)	16.77～16.85 16.81(2)	1.39～1.73 1.56(2)	6.50 6.50(1)	0.85 0.85(1)	1.65 1.65(1)	38.76 38.76(1)	0.55 0.55(1)	0.23 0.23(1)	0.35 0.35(1)
砂岩组	粉砂岩	2.45～2.64 2.52(20)	10.71～14.44 12.01(20)	0.75～1.36 0.91(20)	19.85～42.77 31.24(20)	0.13～2.66 1.68(20)	1.95～4.96 3.74(20)	37.33～39.51 38.66(20)	0.50～0.65 0.57(20)	1.42～6.12 3.20(20)	0.12～0.19 0.17(20)
	细砂岩	2.38～2.53 2.46(16)	11.49～17.22 13.51(16)	0.80～1.13 0.98(16)	21.00～46.40 26.68(16)	0.73～4.62 1.63(16)	2.54～4.83 3.30(16)	37.98～40.03 38.86(16)	0.60～0.64 0.62(16)	1.20～5.99 2.96(16)	0.15～0.24 0.18(16)
	中砂岩	2.17～2.62 2.43(20)	10.41～19.88 14.92(20)	0.87～1.63 1.12(20)	17.80～38.60 24.18(20)	1.08～2.70 1.50(20)	1.56～4.86 3.41(20)	37.58～39.87 38.65(20)	0.54～0.62 0.59(20)	0.56～5.10 2.40(20)	0.15～0.22 0.18(20)
	粗砂岩	2.24～2.48 2.39(6)	11.64～16.33 16.17(6)	1.11～1.84 1.25(6)	12.30～29.60 22.33(6)	0.76～3.05 1.22(6)	1.72～4.85 3.24(6)	38.22～39.91 39.08(6)	0.54～0.61 0.58(6)	1.17～4.66 2.59(6)	0.15～0.24 0.19(6)

表 2-6(续)

岩组	岩性	ρ/(g/cm³)	n/%	ω/%	R_c/MPa	R_m/MPa	c/MPa	φ/(°)	K_R	E/(10⁴MPa)	μ
泥岩组	泥岩	2.32～2.40 / 2.36(2)	10.33～10.41 / 10.37(2)	0.60～0.86 / 0.73(2)	14.90 / 14.90(1)	1.13 / 1.13(1)	2.49 / 2.49(1)	39.35 / 39.35(1)	0.48 / 0.48(1)	0.85 / 0.85(1)	0.23 / 0.23(1)
	砂质泥岩	2.31～2.47 / 2.37(20)	8.80～13.12 / 10.38(20)	0.54～0.87 / 0.80(20)	9.70～37.90 / 21.64(16)	0.65～2.45 / 1.45(20)	1.31～5.02 / 2.93(20)	36.27～41.65 / 38.65(20)	0.43～0.66 / 0.58(20)	0.53～2.76 / 1.26(20)	0.16～0.26 / 0.19(20)
	泥质粉砂岩	2.31～2.42 / 2.36(16)	9.19～12.01 / 10.54(16)	0.76～1.46 / 0.88(16)	11.10～36.10 / 22.96(20)	0.58～2.60 / 1.44(16)	1.23～5.42 / 2.90(16)	37.47～40.88 / 38.55(16)	0.48～0.65 / 0.57(16)	1.01～3.28 / 1.90(16)	0.16～0.24 / 0.19(16)

注:表中数据格式为$\frac{\text{最小值～最大值}}{\text{平均值(样品数)}}$。

综上所述，研究区覆岩整体结构为沙-土-基型，土层结构松散，强度低，具有一定的隔水能力；基岩形成时期较晚，胶结程度低且以泥质胶结为主；裂隙及节理均不发育，呈整体厚层状结构，与东部矿区的层状或块状结构相比具有明显区别，如图 2-16 所示；岩体强度整体较低，岩石强度由高到低的一般次序为：粉砂岩＞细砂岩＞中砂岩＞粗砂岩＞泥质粉砂岩＞泥岩。岩石结构与物理性质、力学性质之间存在相关关系，结构致密坚硬的岩石强度较大，岩石变形程度则按上述岩石强度由高到低的顺序由不易变形至易变形。岩石受结构影响，力学性质不均一，具有明显的各向异性。岩石强度随深度增大而呈明显的增高之势。

(a) 陕北地区煤层

(b) 东部煤层

图 2-16 陕北地区煤层与东部煤层覆岩结构对比

2.5 本章小结

（1）介绍了研究区的自然地理概况，研究区位于陕北黄土高原北部，毛乌素沙漠东南缘；主要地貌类型为风沙滩地。年降雨量小而蒸发量大，降雨相对集中，属典型的干旱半干旱大陆性季风气候。植被以沙蒿、沙柳和沙打旺为主，植被种类与覆盖率对地下水水位的依赖性强，生态环境十分脆弱。

（2）根据勘探及揭露成果，查明了研究区的地质背景。研究区地质构造简单，覆岩呈沙-土-基型空间结构，延安组煤层埋藏浅、厚度大、储量丰富。主要可采煤层有 2^{-2}煤层、3^{-1}煤层与 5^{-2}煤层，其中，2^{-2}煤层层位稳定，结构简单，属特厚煤层且厚度变化小。

（3）在钻探、物探、现场原位试验、室内试验基础上，对研究区地表水系、含(隔)水层水文地质参数及空间赋存结构与特征进行了分析。沙层潜水、风化基岩与基岩裂隙承压水是矿井主要充水水源，沙层潜水是区内唯一具有能大范围供水及生态意义的珍贵地下水资源，离石组黄土层与保德组红土层为区域性相对隔水层。

(4) 研究区覆岩结构为沙-土-基型，土层结构松散，强度低；基岩形成时期较晚，胶结程度低且以泥质胶结为主，力学强度低且抗变形能力差，以整体厚层状结构为主，与东部矿区相比具有明显区别；岩体强度整体较低，岩石强度由高到低的顺序一般为粉砂岩>细砂岩>中砂岩>粗砂岩>泥质粉砂岩>泥岩。岩石变形能力较差，按上述岩石强度高低顺序变形能力逐渐增强。

3 导水裂缝带高度传统探查与动态监测

无论是从矿山井下水害防治，还是从水资源与地表生态环境保护出发，作为沟通上覆水源与矿坑的主要通道，导水裂缝带发育规律都是研究重点，而裂缝带高度的准确探查与监测是研究的基础。煤层采动过程中覆岩破坏高度为一动态过程，可分为发育(阶段增大)—最大(略有减小)—稳定3个阶段。传统探查可获得最后阶段的稳定高度，而最大高度对涌水量预计及潜水漏失评价具有更加重要的意义。为了研究导水裂缝带的动态发育过程，获得其最大高度与稳定高度，分布式光纤传感技术与传统探查方法被用于覆岩变形破坏的动态监测与探查。

3.1 导水裂缝带高度传统方法原位探查

3.1.1 钻孔布置及探查方法

为探查覆岩导水裂缝带稳定高度，9个地面探查钻孔在采后至少2个月被施工在金鸡滩煤矿首采面101工作面。工作面开采2^{-2}煤层，煤层底板埋藏深度平均260 m，开采高度5.5 m，工作面倾向长度300 m，走向长度(开切眼距停采线的距离)4 492 m。为获得工作面导水裂缝带的发育特征及空间形态，沿工作面倾向布置剖面Ⅰ—Ⅰ′、Ⅱ—Ⅱ′，Ⅰ—Ⅰ′剖面上布置4个钻孔(编号为JT1、JT2、JT3、JT4)，Ⅱ—Ⅱ′剖面上布置3个钻孔(编号为JSD1、JSD2、JSD3)；沿工作面走向中心位置布置Ⅲ—Ⅲ′剖面，该剖面上布置4个钻孔(编号为JT4、JT5、JT6、JSD2，其中，JT4钻孔与Ⅰ—Ⅰ′剖面共用，JSD2钻孔与Ⅱ—Ⅱ′剖面共用)，详见图3-1。各钻孔位置布置详述如下：

① JT1钻孔为对照背景钻孔，布置在工作面2#回风巷外侧150 m处。

② 为研究导水裂缝带沿工作面倾向的高度变化及空间形态，布置了2组钻孔。Ⅰ—Ⅰ′剖面上的JT2、JT3钻孔分别位于工作面2#回风巷外侧、内侧10 m处，JT4钻孔位于工作面中心；Ⅱ—Ⅱ′剖面上JSD1、JSD3钻孔分别位于工作面

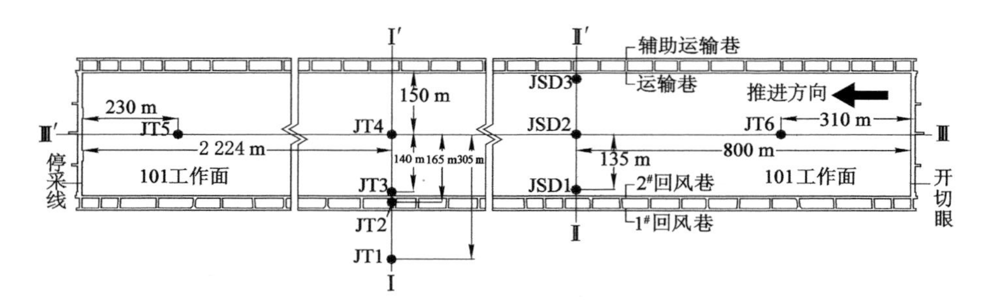

图 3-1　101 工作面内 9 个探查钻孔的平面布置图

2# 回风巷与运输巷内侧 15 m 处，JSD2 钻孔位于工作面中心。

③ 为研究导水裂缝带沿工作面走向的高度变化及空间形态，布置了一组钻孔。JT6 钻孔与 JSD2 钻孔分别位于距离开切眼 310 m 与 800 m 的工作面中心处，JT5 孔钻与 JT4 钻孔分别位于距离停采线 230 m 与 2 224 m 的工作面中心处。

本次采用地面钻孔探测，综合利用了钻孔冲洗液消耗量观测、岩芯工程地质编录、钻孔电视测井及地球物理测井方法。各方法的特点及其判定准则如表 3-1 所列。

表 3-1　导水裂缝带与垮落带高度探测方法特点及其判定准则

探测方法	内容及特点	判定准则
钻孔冲洗液消耗量观测	包括冲洗液消耗量、水位、钻具进尺观测。完整岩层中消耗量及上钻前后水位变化较小。裂隙岩层中消耗量增大，水位下降甚至消失	导水裂缝带：冲洗液消耗量显著增大，继续钻进有增大趋势，水位呈现明显下降趋势的起点处可能伴有轻微吸风现象。垮落带：出现掉钻现象且次数频繁；钻进速度时快时慢，有时发生卡钻或钻具震动加剧现象；有明显吸风现象
岩芯工程地质编录	包括描述岩芯的完整程度和裂隙发育情况，并统计岩芯的质量指标 RQD 值	导水裂缝带：发现有明显、新鲜的高角度裂隙且岩芯破碎，完整性差，RQD 值降低时的位置。垮落带：采取率明显降低甚至空管，出现层理变形、倒置现象，RQD 值明显降低，一般小于 10%
钻孔电视测井	利用成像测井获取岩壁 360°全景数码图像，观察图像识别岩层裂隙发育情况。其类似于岩芯工程地质编录	导水裂缝带：岩层裂隙密度明显增加，且有高角度裂隙时，则判定为导水裂缝带的顶界。垮落带：岩层中出现较大空洞，或层理变形，岩石极其破碎并且探管难以继续深入

表 3-1(续)

探测方法	内容及特点	判定准则
地球物理测井	利用声波时差、短源距、电阻率与井径等物性参数对井内岩层情况进行综合解释	导水裂缝带：电阻率值相对降低，声波时差值相对升高，岩体密度相对降低，孔径相对增大的位置。垮落带：相对于导水裂缝带测井曲线明显变化，基线幅值增加，不稳定

注：陕北侏罗系煤层直罗组及延安组正常岩石的 RQD 值一般大于 60%。

3.1.2　探查结果及顶界位置判定

(1) 钻孔冲洗液消耗量观测

本次钻孔冲洗液消耗量观测利用未采动区钻孔对应岩层处的冲洗液消耗量作为背景值，将其他钻孔冲洗液消耗量曲线作对照分析。

在 JT1 背景钻孔钻进过程中，土层段单位时间冲洗液消耗量 0.05～0.20 L/s，平均 0.14 L/s；基岩段单位时间冲洗液消耗量 0.018～0.199 L/s，平均0.069 L/s。整个钻进和观测过程中，随孔深增加各层段冲洗液消耗量无明显变化，冲洗液循环正常，未出现中断或明显漏失现象，钻进过程中无明显异常现象发生，如图 3-2 所示。

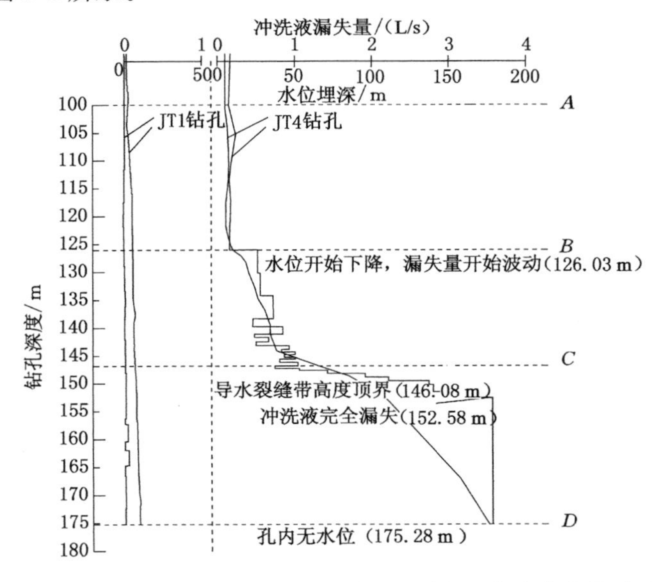

图 3-2　JT1 背景钻孔与 JT4 钻孔冲洗液消耗量与水位变化(部分)

JSD1 钻孔冲洗液消耗量与水位变化如图 3-3(a)所示。当 JSD1 钻孔钻进

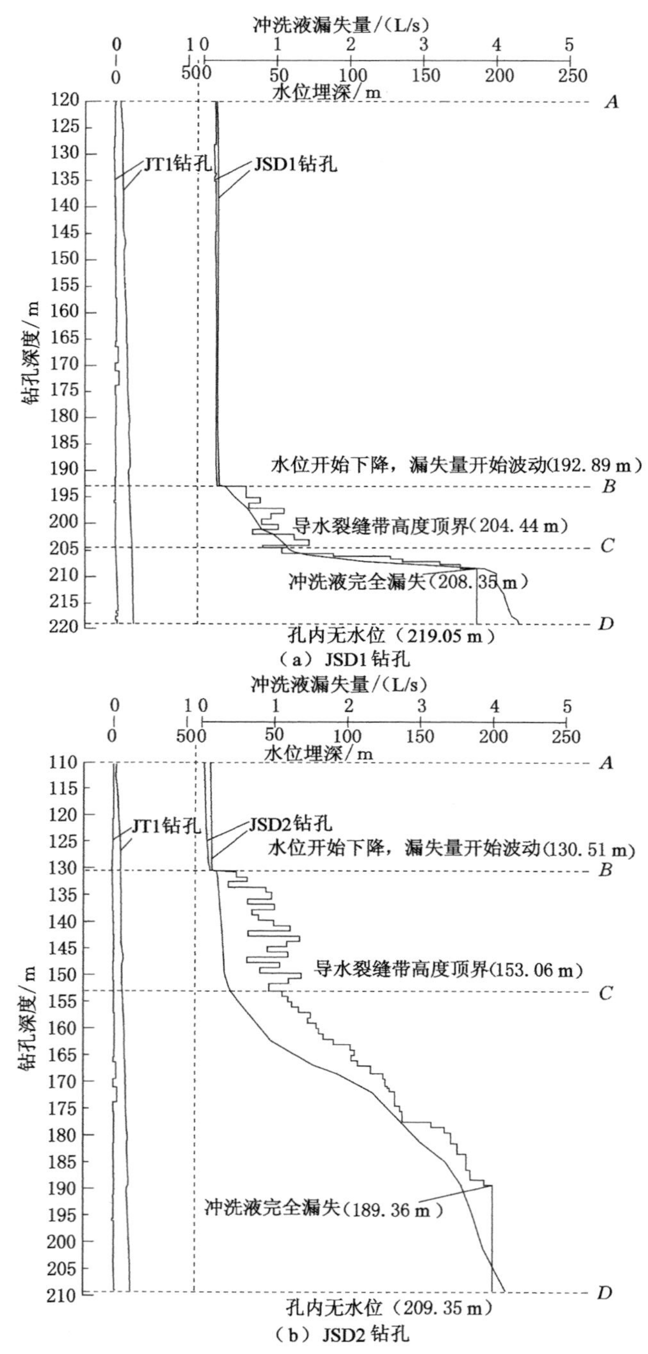

图 3-3　JSD1 钻孔与 JSD2 钻孔冲洗液消耗量与水位变化

至正常基岩段后冲洗液消耗量稳定在 0.1～0.2 L/s，与背景值相当；当孔深达 192.89 m 时冲洗液消耗量增大为 0.587 L/s，孔内水位略有下降，自 10.55 m 降至 14.75 m；在孔深 192.89～204.44 m 范围内钻孔冲洗液消耗量呈忽大忽小变化趋势，钻孔水位缓慢下降。在孔深 204.44～208.35 m 范围内钻孔冲洗液消耗量迅速增大，钻孔水位明显下降。在孔深 208.35 m 处冲洗液完全漏失，循环终止，水位在短时间内稳定在 201.00 m，直至孔深 219.05 m 处，孔内无水位。根据钻孔钻进过程中的现场记录，在 JSD1 钻孔深 241.20 m 处钻杆严重跳动且伴有卡钻现象，在 241.43 m 处发生吸风现象。根据前文判定原则，判定孔深 204.44 m 处为导水裂缝带顶界，孔深 241.20 m 处为垮落带顶界。

JSD2 钻孔冲洗液消耗量与水位变化如图 3-3(b)所示。当 JSD2 钻孔钻进至正常基岩段后冲洗液消耗量稳定在 0.05～0.12 L/s，与背景值相当；当孔深达 130.51 m 时冲洗液消耗量增大至 0.47 L/s，孔内水位从 7.50 m 降至 10.05 m；在孔深 130.51～153.06 m 范围内钻孔冲洗液消耗量呈忽大忽小的变化趋势，孔内水位略有降低；在孔深 153.06～168.48 m 范围内钻孔冲洗液消耗量快速增加，孔内水位持续降低，水位最大深度为 93.04 m；在孔深 189.36 m 处钻孔冲洗液完全漏失，循环终止，水位急剧下降至 78.50 m，且呈持续下降趋势；直至孔深达 209.35 m 时，孔内无水位。钻进过程中在 238.00～239.00 m 范围内有明显的掉钻现象，掉钻落程 0.60 m，且伴有少量的吸风现象。根据判定原则，判定孔深 153.06 m 处为导水裂缝带顶界，孔深 238.00 m 处为垮落带顶界。

类似于上述 2 个钻孔的分析，利用冲洗液消耗量与水位变化关系，确定了 JSD3 钻孔与 JT2～JT6 6 个钻孔处的导水裂缝带及垮落带的顶界埋深，具体如表 3-2 所列。

表 3-2　钻孔冲洗液消耗量观测结果

钻孔编号	JSD1	JSD2	JSD3	JT1	JT2	JT3	JT4	JT5	JT6
导水裂缝带顶界埋深/m	204.44	153.06	183.00			181.52	146.08	144.65	151.81
垮落带顶界埋深/m	241.20	238.00	229.80			230.52	234.43	233.27	234.70

(2) 岩芯工程地质编录

JT1 钻孔探查结果显示：煤层上覆地层岩性组合特征为“砂-土-基”型。其中，土层厚度占上覆地层厚度的 20%；基岩以砂岩为主，其呈厚层状～巨厚层状，占上覆地层的 54%，岩芯较完整，采取率一般大于 80%，RQD 值为 66%～

85%；粉砂岩、砂质泥岩占26%，RQD值为70%～80%。岩芯编录过程中未发现有裂隙发育，岩芯采取率与RQD值均较高，岩芯完整性及岩体质量等级较好，如图3-4所示。

(a) (b)

图3-4 JT1钻孔完整特征岩芯

以JT1钻孔岩芯工程地质特征为背景，进行各钻孔岩芯编录与分析。如JSD2钻孔，147.30～164.00 m范围内为粉砂岩，发育水平状及波状层理，局部夹有薄层状细砂岩；155.98 m处初见高度新鲜裂隙；159.16～161.76 m范围内出现多条斜向裂隙，岩芯呈碎块状，裂隙密集，RQD值为51%，完整性一般，如图3-5(a)所示。235.80～240.56 m范围内为粉砂岩，灰色，发育波状及近水平状层理，局部岩芯破碎，采取率极低，形态以碎块状为主，RQD值为8.4%，完整性差，如图3-5(b)所示。再如JSD3钻孔，182.04 m处初见新鲜微小裂隙；191.47～201.30 m范围内为灰色粉砂岩，发育近水平状层理，岩芯形态以短柱状为主，RQD值为69%，岩芯完整性一般；201.10 m处见高角度斜向新鲜裂隙，201.30～213.40 m范围内为细砂岩，见垂向裂隙发育，岩芯形态以短柱状为主，碎块状次之，RQD值为11%，岩芯完整性差，如图3-5(c)所示。237.20～241.62 m范围内为灰色粉砂岩，发育波状层理，岩芯采取率极低，岩芯极其破碎，形态以碎块状为主，RQD值为0，如图3-5(d)所示。根据判定准则，JSD2钻孔155.98 m与235.80 m处被分别判定为导水裂缝带与垮落带顶界；JSD3钻孔201.10 m与237.20 m处被分别判定为导水裂缝带与垮落带顶界。

类似于上述2个钻孔的分析，利用钻孔冲洗液消耗量与水位变化特征，结合岩芯编录与分析，确定了JSD1钻孔与JT2～JT6 6个钻孔处的导水裂缝带及垮落带的顶界埋深，具体如表3-3所列。

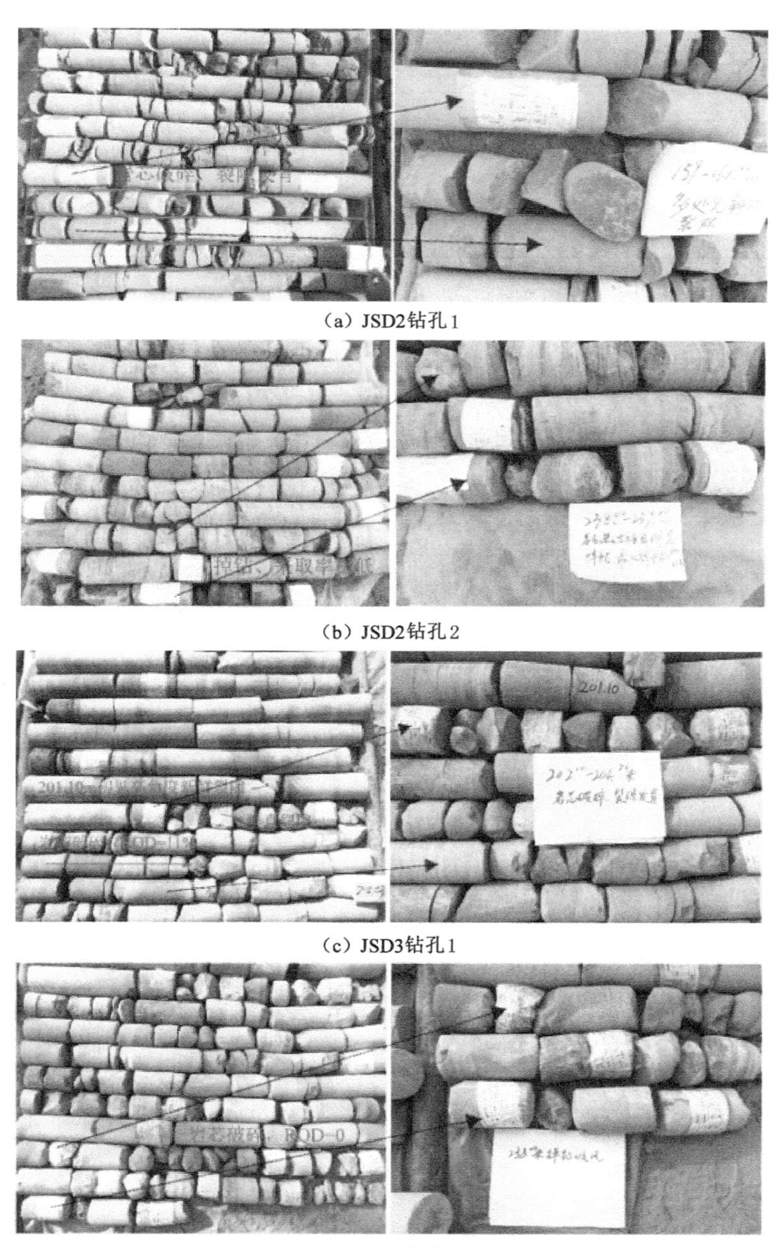

（a）JSD2钻孔1

（b）JSD2钻孔2

（c）JSD3钻孔1

（d）JSD3钻孔2

图 3-5　JSD2 钻孔与 JSD3 钻孔处特征岩芯

表 3-3 岩芯工程地质编录分析结果

钻孔编号	JSD1	JSD2	JSD3	JT1	JT2	JT3	JT4	JT5	JT6
导水裂缝带顶界埋深/m	211.50	155.98	201.10			185.22	147.20	141.48	154.35
垮落带顶界埋深/m	241.78	235.80	237.20			235.44	234.50	233.77	234.80

(3) 钻孔电视测井

利用钻孔电视测井方法可直接观察孔壁岩石采动裂隙的发育情况。图 3-6 为 JSD1 钻孔部分电视测井影响，最大测井深度 232.70 m；测井图像显示：孔深 193.90 m 处初见微小裂隙，孔深 209.80 m 处初见明显斜向裂隙，209.80～210.50 m 范围内共发育 3 条裂隙，213.30 m 处见 1 条垂向裂隙，215.40 m 处见 2 条垂向裂隙，裂隙密度随孔深增大而增大；孔深 209.80 m 处被判定为 JSD1 钻孔处导水裂缝带的顶界位置。JSD2 钻孔电视测井最大深度 202.70 m；孔深 135.80 m 处初见斜向微小裂隙，孔深 153.70 m 处见明显斜向裂隙，159.70～160.00 m 范围内见 1 条垂向裂隙，161.90～162.50 m 范围内见 2 条垂向裂隙，162.90～163.60 m 范围内见 1 条垂向裂隙，185.50 m 以下随着孔深增大裂隙密度增大；孔深 153.70 m 处被判定为 JSD2 钻孔处导水裂缝带顶界位置。JSD3 钻孔电视测井最大深度 217.40 m；孔深 185.10 m 处初见斜向裂隙，187.50 m 处有细小裂隙且呈闭合状态，192.10 m 处见 2 条宽度较大的斜向裂隙，201.60 m 处见 1 条明显拉张裂隙，202.30 m 以下随着孔深增大裂隙密度增大；孔深 185.10 m 处被判定为 JSD3 钻孔处导水裂缝带顶界位置。JT1 钻孔与 JT2 钻孔测井图像显示，孔壁岩石完整，无明显的裂隙发育，仅在局部泥岩夹层处观察到因孔壁垮塌导致的空洞。JT3 钻孔 181.80 m 处初见斜向裂隙，随孔深的增大裂隙密度与长度均增大；孔深 183.10～183.70 m 范围内发育 1 条长约 70 cm 的裂缝；孔深 185.00～190.00 m 范围内发育 1 条贯通裂隙；孔深 181.80 m 处被判定为 JT3 钻孔处导水裂缝带顶界位置。JT4 钻孔在孔深 132.50 m 处存在 1 条细小裂隙且呈闭合状态，孔深 145.50 m 处见 1 条斜向破坏裂隙，呈斜三角状；146.60～149.00 m 范围内出现多条斜向破坏裂隙，随着孔深增大，裂隙密度、角度与延伸长度也随之增大，孔深 145.50 m 处被判定为 JT4 钻孔处导水裂缝带顶界位置。JT5 钻孔孔深 102.30～134.00 m 范围内未发现明显的破坏裂隙，孔壁较为完整，直至孔深 134.00～144.50 m 范围内发现 3 条细小裂隙且呈闭合状态，146.48 m 处出现 1 条高角度新鲜破坏裂隙，长度约 15 cm，裂隙处有出水现象；随着孔深

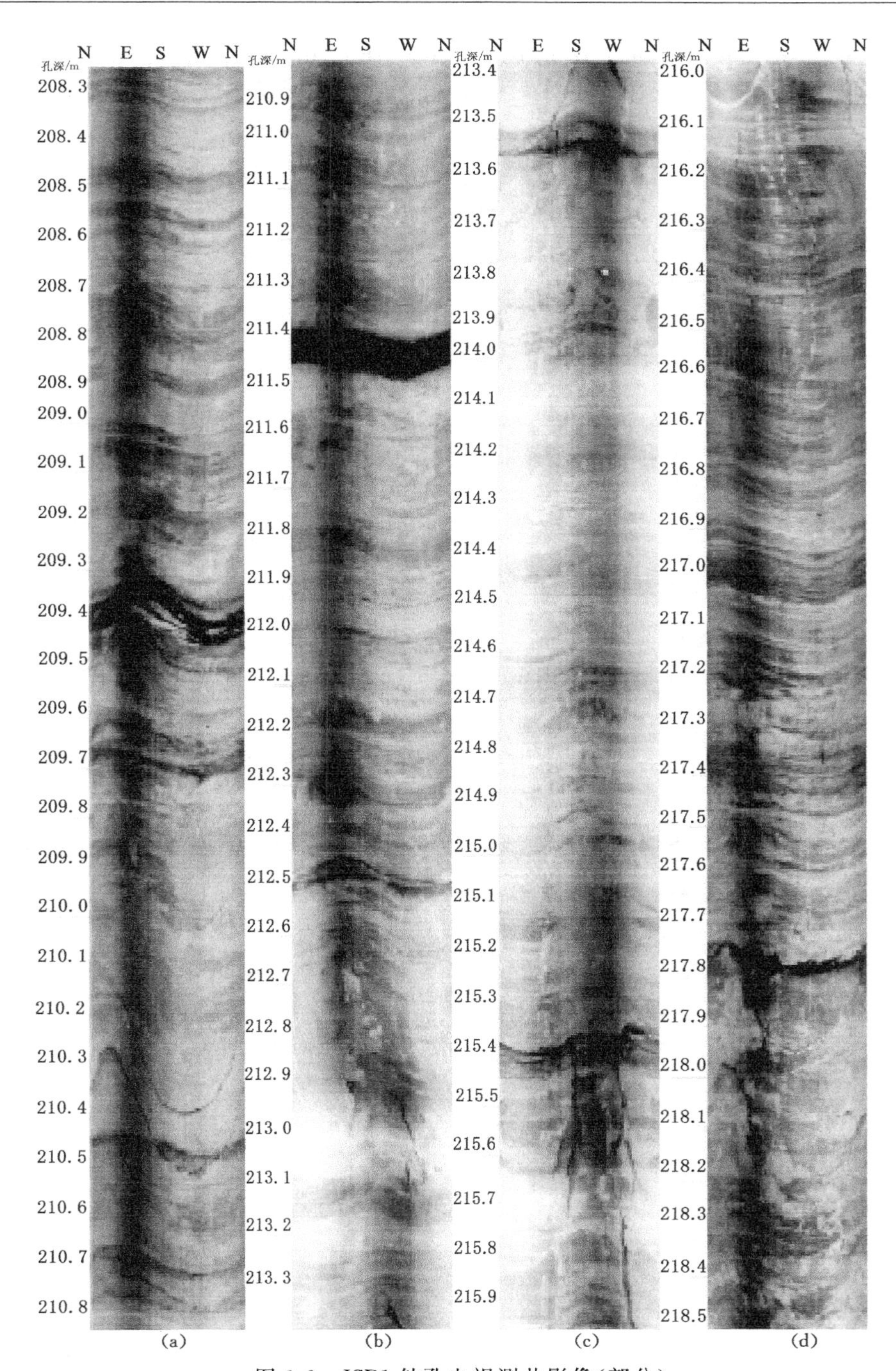

图 3-6　JSD1 钻孔电视测井影像(部分)

增大,裂隙发育密度、角度与延伸长度均随之增大;孔深 146.48 m 处被判定为 JT5 钻孔处导水裂缝带顶界位置。JT6 钻孔孔深 151.70 m 以上部分孔壁岩石较为完整,孔深 151.70 m 以下部分发育多条裂隙,裂隙大多呈斜向,发育角度不一,判定孔深 151.70 m 处为 JT6 钻孔处的导水裂缝带顶界位置。

采用钻孔电视测井方法未能获取垮落带顶界位置。根据钻孔孔壁影像中岩石裂隙的分布特征,对各钻孔处的导水裂缝带顶界位置进行了判定,结果如表 3-4 所列。

表 3-4　钻孔电视测井分析结果

钻孔编号	JSD1	JSD2	JSD3	JT1	JT2	JT3	JT4	JT5	JT6
导水裂缝带顶界埋深/m	209.80	153.70	185.10			181.80	145.50	146.48	151.70

(4) 地球物理测井

由 JT1 背景钻孔测井曲线及其特征可知,钻孔上部分布的第四系松散层引起声波曲线异常,短源距曲线异常幅值比中下部略高;中部与下部声波、短源距曲线在基线附近波动,中部与下部电阻率、井径曲线单调平直偶夹剑锋状异常反应,具体如图 3-7(a)所示。

可用于分析的参数有短源距伽马、井径、自然伽马曲线。对比 JT1 背景钻孔,JT4 钻孔在 135.20 m 以下直至孔底的测井曲线有以下特点:孔内浆液漏失导致声波、电阻率曲线失真;短源距、井径曲线出现剑锋状异常反应,基线幅值增大,具体如图 3-7(b)所示。此外,地球物理测井参数短源距、井径曲线在 235.30 m 以下的基线幅值明显大于 235.30 m 以上的基线幅值。综上所述,可将孔深 135.20 m 与 235.30 m 处分别判定为导水裂缝带与垮落带顶界位置。

在 JT1 背景钻孔测井曲线的基础上,对比分析了其余各钻孔的声波时差、短源距、电阻率与井径等物性参数的变化曲线及其特征,并确定了各钻孔处导水裂缝带与垮落带顶界位置,具体结果如表 3-5 所列。

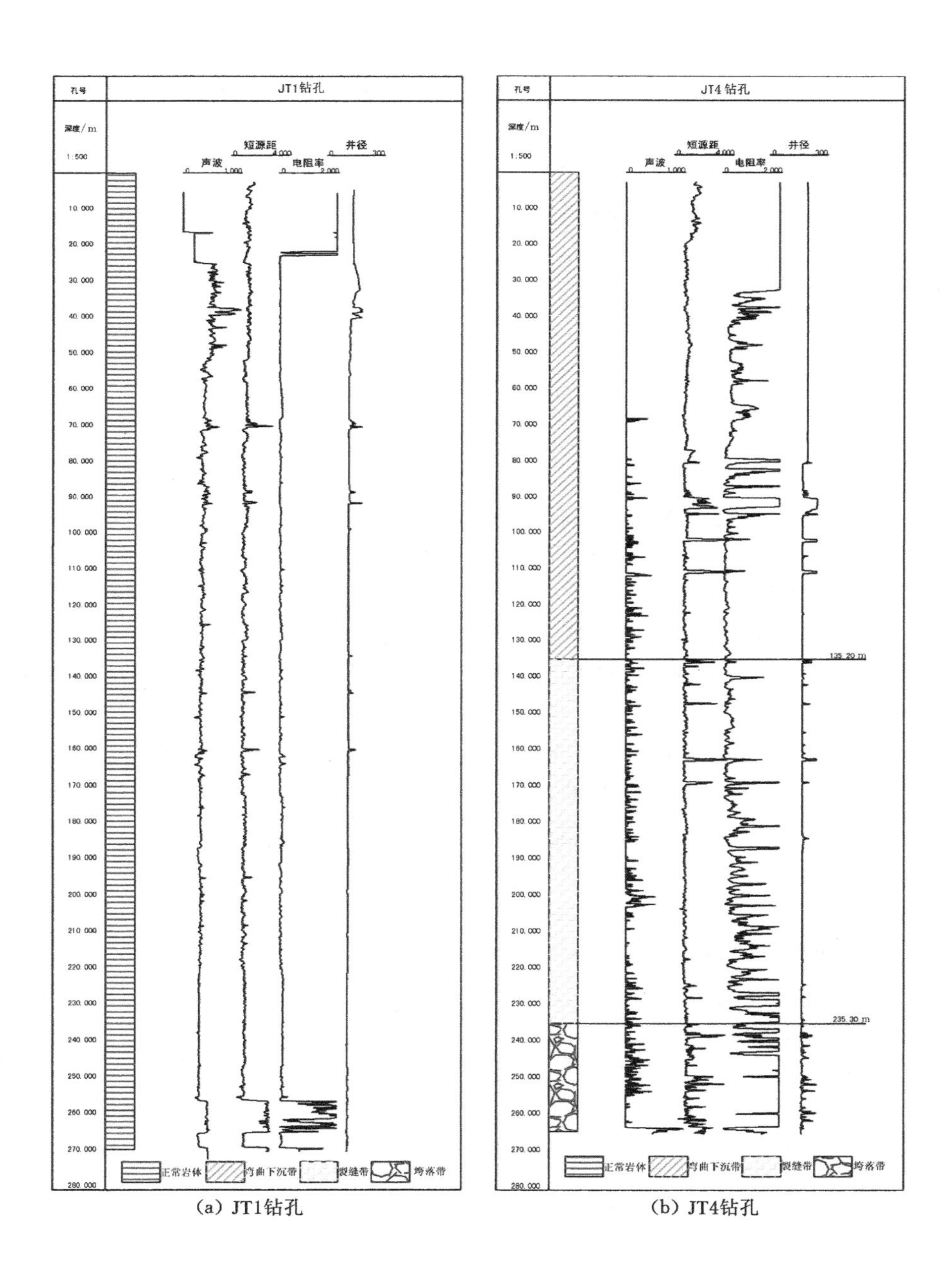

(a) JT1钻孔　　(b) JT4钻孔

图 3-7　JT1 钻孔与 JT4 钻孔测井曲线及其特征

表 3-5　钻孔地球物理测井分析结果

钻孔编号	JSD1	JSD2	JSD3	JT1	JT2	JT3	JT4	JT5	JT6
导水裂缝带顶界埋深/m	200.88	140.32	175.44			142.02	135.20	139.87	144.98
垮落带顶界埋深/m	240.52	236.80	229.70			230.50	235.30	233.06	234.22

3.1.3　结果分析与导水裂缝带及垮落带高度综合确定

本书采用钻孔冲洗液消耗量观测、岩芯工程地质编录、电视测井及地球物理测井等多种方法，探查了金鸡滩煤矿 101 工作面采动覆岩导水裂缝带稳定高度。前面给出的多种方法的探测结果存在一定差异性，因此需要对其进行可靠性分析，具体如下：

(1) 地球物理测井解释的“三带”高度与其他钻孔探测结果差异较大，由于测井主要依据钻孔内出现空洞、低密度异常或声波曲线来判定裂隙的位置，但是地层中本来就存在原生裂隙和泥岩层段孔壁不完整的现象，因此通过各曲线参数的异常难以确切断定是否为导水裂缝带，该方法精度不够高。总体上看，利用地球物理测井方法解释得到的导水裂缝带顶界位置有偏差，垮落带顶界位置相当。

(2) 钻孔探测是多项指标相互印证的结果，主要以钻孔冲洗液消耗量观测为主，其他 3 项指标验证，综合确定导水裂缝带高度。钻孔冲洗液消耗量观测是在水泵高压送水钻进时，用冲洗液通过岩石裂隙的渗漏量来实际反映岩体裂隙的透水性。裂隙发育越密集，裂隙宽度越大，冲洗液消耗量越大。该方法边钻进边取数据，观测内容为冲洗液消耗量、上下钻孔水位，较为直观，是目前最为常用的确定导水裂缝带顶界位置的方法。

(3) 根据岩芯的破碎情况、岩芯采取率、裂隙发育情况统计及岩芯完整性统计等指标来确定导水裂缝带顶界位置，能直观地观察到岩芯裂隙，有效性较高。本次探测中，局部层段导水裂缝带顶界以上存在不导水微裂隙，由于受地应力作用，该类裂隙在未钻探取芯前是闭合型裂隙，无错断或位移；但受钻探取芯机械扰动，使裂隙呈现出来，容易给导水裂缝带顶界位置的判定造成干扰。从探测过程来看，在岩芯出现斜向破坏裂隙时，钻孔冲洗液消耗量大多在该位置上下 5 m 范围内增大或漏失。

本次采用钻探过程中特殊现象(包括岩芯的破碎情况、岩芯采取率、岩芯完整性统计和钻进过程中钻具陷落卡钻、钻孔吸风等特殊现象)记录和地球物理测井方法判定了垮落带顶界位置，确定了垮落带的发育高度。地球物理测井主要依靠垮落带岩石破碎，容易受到因塌孔引起的探棒受阻情况的影响，但从判定结果来看，同一采空区垮落带高度有一定起伏，认为该方法准确度一般。钻探过程中的特殊现象是由多个指标综合判定的，该方法也是目前惯用的探测手段。对采空区中心 4 个钻孔的探测结果作对比分析，其探测结果基本相近，因此认为判定结果可靠。

根据上述分析，利用岩芯工程地质编录及钻孔电视影像配合钻孔冲洗液消耗量观测方法得到的导水裂缝带顶界位置可靠性较高，可以作为主要判定依据，而将地球物理测井解释成果作为辅助；岩芯编录配合钻探过程中的特殊现象方法作为垮落带顶界位置的主要判定依据，将钻孔电视与物理测井方法皆作为辅助。各钻孔判定结果如表 3-6 所列。

表 3-6　钻孔导水裂缝带及垮落带高度探查综合结果

钻孔编号	底板埋深/m	采高/m	导水裂缝带高度/m	裂采比	垮落带高度/m	垮采比	钻孔位置
JSD1	272.62	5.5	59.13	10.75	22.37	4.07	巷道内侧 15 m
JSD2	269.46	5.5	107.49	19.54	22.55	4.10	工作面中心
JSD3	261.70	5.5	69.94	12.72	23.14	4.21	巷道内侧 15 m
JT1	265.55						影响区以外
JT2	263.17						巷道外侧 10 m
JT3	262.10	5.5	71.50	13.00	22.50	4.09	巷道内侧 10 m
JT4	266.20	5.5	111.05	20.19	22.70	4.13	工作面中心
JT5	264.98	5.5	111.32	20.24	22.70	4.13	工作面中心
JT6	265.70	5.5	105.87	19.25	22.98	4.18	工作面中心

注：JSD1～JSD3 钻孔处煤层赋存厚度分别为 9.05 m、8.91 m、8.76 m；JT1～JT6 钻孔处煤层赋存厚度分别为 9.21 m、9.15 m、9.08 m、9.07 m、9.01 m、8.02 m。

3.2　采动覆岩变形破坏分布式光纤动态监测

3.2.1　光纤传感(OFS)技术概述

OFS 技术是在 20 世纪 70 年代伴随光纤通信技术的发展出现并随后迅速发展的新型传感技术。该技术以光为载体，光纤为媒介，将光纤附着在监测物表面或植入其中从而感知和传输外界信号（监测目的物），将感测光纤作为“感知神经”。传感光纤一般由纤芯、包层、涂敷层和护套构成，如图 3-8 所示。纤芯和包层为光纤结构的主体部分，对光波的传播起着决定性作用。涂敷层与护套主要起隔离杂光，提高光纤强度与保护光纤等辅助性作用。

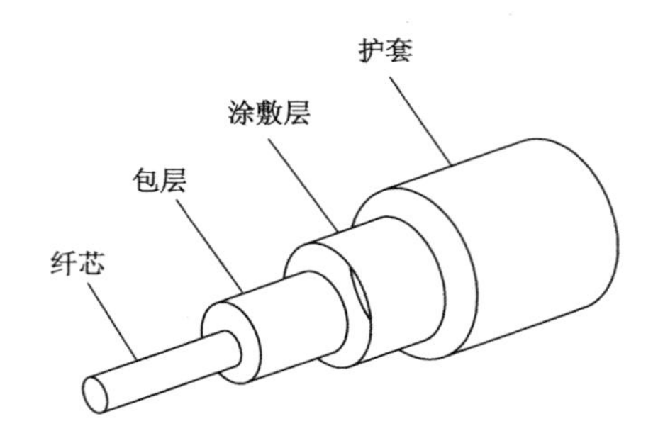

图 3-8　光纤结构示意图

OFS 技术的基本原理为：光在光纤中传播时，其频率、振幅、相位与波长等特征参量会随压力、温度、渗流、磁场、电场、化学场等外界因素改变。光纤对外界因素的感知，实质上是外界因素影响光纤，从而实现对光波特征参量的实时调制，而获取外界因素的变化需要分析、解调光纤中被调制的光波特征参量。

根据传感监测在空间和时间上的分布连续性特征，OFS 系统可分为点式、准分布式与全分布式 3 种类型，具体如图 3-9 所示。分布式光纤传感(DOFS)技术运用光纤的几何一维特性，将被测参量作为光纤位置的函数，实现对外界参量变化的分布式监测。其不仅具有体积小、耐腐蚀、抗电磁干扰、高灵敏度、高分辨率、低误差的特点，还可实现长距离、分布式监测。

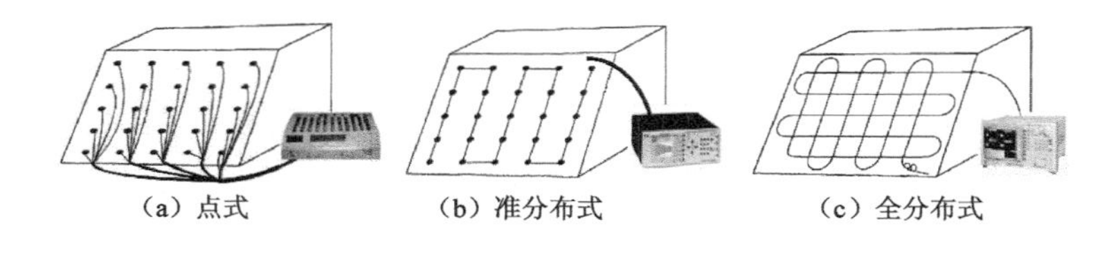

图 3-9　OFS 系统的 3 种分布类型示意图

按照传感测试原理，DOFS 可分为：拉曼散射的强度调制、瑞利散射的强度调制、布拉格光栅的波长调制与布里渊(Brillouin Scattering)散射的频率调制 4 种调制类型。其中，拉曼散射 DOFS 技术多用于温度的监测；瑞利散射 DOFS 技术则多用于物体的损伤定位；布拉格光栅 DOFS(准分布式)技术可以同时用于温度和应变的测量，且具有较高的单点测量精度，获得了较为广泛的应用，但无法实现长距离全分布式监测；而基于布里渊散射的 DOFS 技术在温度和应变测量上具有精度高、测量范围大以及空间分辨率高等特点，受到了最为广泛的研究、应用与关注。利用感测光纤中的背向散射光，采用 1 300 nm 与 1 550 nm 两种尺寸的单模传感光缆，布里渊散射信号受到的衰减和色散较小，使其温度、应变的测量精度、范围与空间分辨率均高于其他分布式光纤传感技术。

基于布里渊散射的分布式光纤传感技术按调制解调类型可细分为：布里渊光时域反射技术（BOTDR）、布里渊光时域分析技术（BOTDA）、布里渊光频域分析技术（BOFDA）与布里渊相关域分析技术（BOCDA）。其中，BOFDA 技术和 BOCDA 技术对于调制解调设备的要求较高且信号解调较为复杂，尚未大范围应用于实际工程监测。BOTDR 技术能够实现单端测量，无须构成回路，只需在感测光缆一端注入光脉冲即可完成对布里渊散射信息的解调，因此具有安装方便、能检测断点的特征，在现场工程应用广泛。BOTDA 技术相对于 BOTDR 技术具有更高的测试精度和空间分辨率，在某些需要高精度的测量中更为适用，但需要双端测试构成完整的回路，一旦传感光纤发生破断，监测将无法继续，在工程应用中受到一定限制。根据检测环境与精度要求，本书采用了 BOTDR 分布式光纤传感技术。

3.2.2　基于 BOTDR 技术的分布式光纤监测原理

光波在光纤中传播并与介质声学声子发生相互作用时产生布里渊散射，其频率受介质固有频率影响发生移位，并通过相对于泵浦光（Pump）频率下移的斯托克斯波（Stocks）的产生来表现的现象称为布里渊频移。布里渊散射光的频移量与光纤的物理力学性质相关，如式（3-1）、式（3-2）所示：

$$v_B = 2nc/\lambda \tag{3-1}$$

$$c = \sqrt{\frac{(1-\mu)E}{(1+\mu)(1-2\mu)\rho}} \tag{3-2}$$

式中　v_B——频移量，MHz；

n——光纤的折射率；

c——光速，m/s；

E——光纤的弹性模量，MPa；

μ——光纤的泊松比；

ρ——光纤的密度，kg/m^3；

λ——入射光波长，m。

如上所述，布里渊散射光的频移量受光纤的折射率、弹性模量、泊松比、密度以及入射光波长等因素的影响，在实际监测过程中上述因素受应变与温度的影响均会发生不同程度的变化，可将其看作应变的函数，因此可建立应变、温度与频移量的关系式。在只考虑应变影响的条件下，存在等式（3-3）：

$$v_B(\varepsilon) = \frac{2n(\varepsilon)}{\lambda}\sqrt{\frac{[1-\mu(\varepsilon)]E(\varepsilon)}{[1+\mu(\varepsilon)][1-2\mu(\varepsilon)]\rho(\varepsilon)}} \tag{3-3}$$

式(3-3)可简化为：

$$v_B(\varepsilon) = v_B(0) + \frac{\mathrm{d}v_B(\varepsilon)}{\mathrm{d}\varepsilon}\cdot\varepsilon \tag{3-4}$$

在考虑应变与环境温度双重影响的条件下，存在等式(3-5)：

$$v_B(\varepsilon,T) = v_B(0,T_0) + \frac{\partial v_B(\varepsilon)}{\partial\varepsilon}\cdot\varepsilon + \frac{\partial v_B(T)}{\partial T}\cdot(T-T_0) \tag{3-5}$$

式中 $v_B(\varepsilon)$ ——应变 ε 影响下的布里渊光谱频移量，MHz；

$v_B(\varepsilon,T)$ ——应变 ε 与温度 T 双重影响下的布里渊光谱频移量，MHz；

$v_B(0)$ ——应变等于零时的初始布里渊光谱频移量，MHz；

$v_B(0,T_0)$ ——应变等于零与温度为 T_0 时的初始布里渊光谱频移量，MHz；

$\mathrm{d}v_B(\varepsilon)/\mathrm{d}\varepsilon$，$\partial v_B(\varepsilon)/\partial\varepsilon$ ——频移量与光纤的应变比例系数，MHz；

$\partial v_B(T)/\partial T$ ——布里渊光谱频移量与光纤的温度比例系数，MHz/℃。

对于不同类型、不同加工工艺的传感光纤，其比例系数可能存在较大差异，在监测工作开始前需要对其进行标定。

图 3-10 为基于 BOTDR 技术的分布式光纤监测的原理示意图。由图可知，脉冲光自感测光纤的一端射入，随后产生背向布里渊散射光，并沿光纤返回至入射端，经解调仪处理将光信号转换为电信号，再经过数字信号处理器得到光纤沿线各个采样点的散射光谱。

Barnoski 提出的光时域反射技术是实现分布式监测的关键，BOTDR 技术可利用脉冲光射入与散射光接收的时间差来准确定位监测点。传感光缆上的任意一点与脉冲光入射端的距离可利用式(3-6)计算。

$$Z = \frac{c_G \Delta T}{2n} \tag{3-6}$$

式中 Z——光纤的任意一点与脉冲光入射端的距离，m；

c_G——光在光纤中的传播速度，m/s；

ΔT——脉冲光射入与散射光接收的时间差，s。

目前最具代表性的 3 种 BOTDR 解调仪型号分别为：AQ8603（日本 ANDO 公司生产）、N8511（日本 ANDO 公司生产）、AV6419（中国电子科技集团公司第四十一研究所研制）。其中，AV6419 型解调仪在测试速度、量程、精度、可重复性方面较前两种均有大幅提升，也是本书原位测试选用的设备，如图 3-11 所示，其主要性能指标列于表 3-7 中。

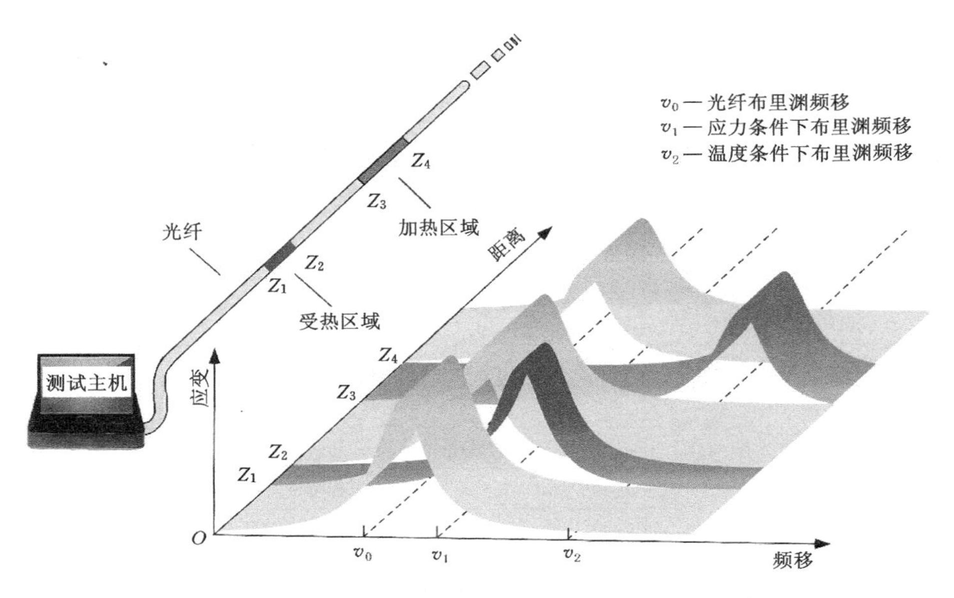

图 3-10　基于 BOTDR 技术的分布式光纤监测原理图

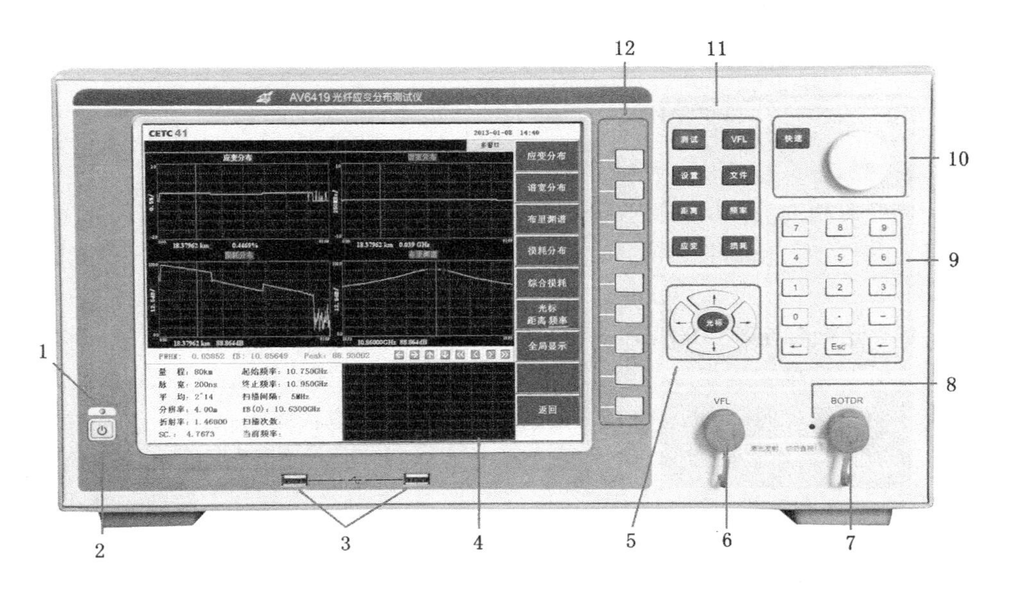

1—电源指示灯；2—开/关机按钮；3—USB 接口；4—触摸 LCD 屏；5—导航按键；6—VFL 光接口；7—BOTDR 光接口；8—激光指示灯；9—数字键区；10—旋钮键区；11—功能键区；12—菜单按键。

图 3-11　现场监测使用的 AV6419 型解调仪前面板视图

表 3-7　AV6419 型光纤解调仪主要性能指标

主要项目	性能指标				
测试量程范围/km	0.5,1,2,5,10,20,40,80				
空间采样间隔/m	1.00,0.50,0.20,0.10,0.05				
最大空间采样点数	20 000				
光纤折射率	1.000 00～1.999 99				
入射光波长/μm	1.55±0.005				
使用光纤类型	单模传感光纤				
频率采样范围/GHz	9.9～12.0				
频率采样间隔/MHz	1,2,5,10,20,50				
平均次数范围	2^{10}～2^{24}				
空间定位精度/m	±(2.0×10^{-5}×测试量程范围+2×空间采样间隔)				
应变测试重复性/με	−100～+100				
应变测量范围/με	−15 000～+15 000				
脉冲宽度/ns	10	20	50	100	200
空间分辨率/m	1	2	5	11	22
监测功率动态范围/dB	2	6	10	13	15
应变测量精度/με	±40	±40	±30	±30	±30

3.2.3　光纤-围岩变形一致性试验研究

光纤与围岩变形的一致性是利用光纤监测覆岩变形、破坏的基础。为了评价其一致性，对光纤与充填物、充填物与围岩的变形一致性分别进行了试验研究。

(1) 光纤与充填物的变形一致性试验

光纤与充填物的变形一致性试验利用如图 3-12 所示的试验装置进行。模拟实际监测情况时，首先将光缆沿 3 m 长的 PVC 管中轴线预拉固定，并向管中注入充填材料，然后将 PVC 管水平放置，并固定其两端，在 PVC 管正上方安置激光测距仪，最后对 PVC 管中部逐级施加推力，使其产生变形。待每一级变形稳定后，记录激光测距仪的读数，并采集光纤应变数据。本次试验共加载了 8 级位移，不同加载位移下光纤应变分布如图 3-13 所示。

由图 3-13 可知，光纤在逐级加载下发生显著的拉伸变形，光纤应变曲线沿 PVC 管中心轴线呈近似对称分布，光纤变形量从轴线位置向两端逐渐减小。由于 PVC 管侧向位移相对管长较小，充填物变形值同位移之间近似满足：

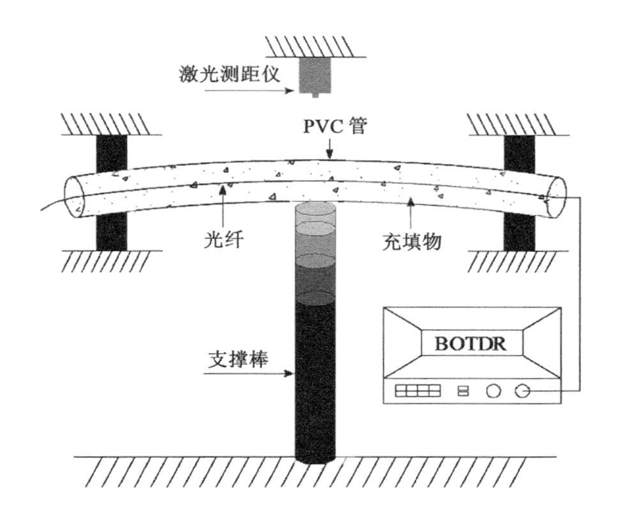

图 3-12　光纤与充填物的变形一致性试验装置

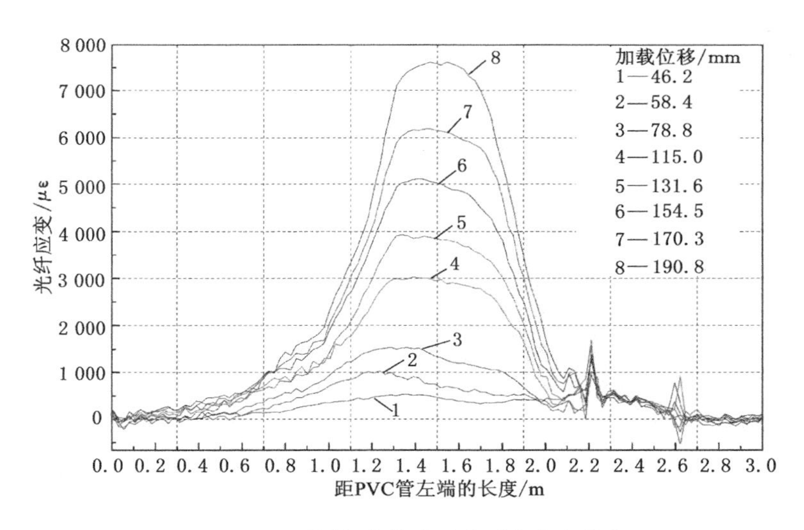

图 3-13　不同加载位移下光纤的应变分布

$$\varepsilon = \frac{\sqrt{u^2 + l^2} - l}{l} \tag{3-7}$$

式中　ε——充填物变形量；

u——加载发生的位移，m；

l——位移加载点至固定端的距离，m。

将各级加载位移下光纤的实测变形量和理论计算的充填物变形量进行了比

较，如图 3-14 所示。由图 3-14 可知，在施加位移为 15 cm 以前时，两者变形量十分接近，当施加位移大于 15 cm 后，光纤实测变形量比计算变形量小，且随着加载位移的增大，其差距愈发扩大。在光纤应变约为 5 000 $\mu\varepsilon$ 之前，可认为光纤同充填物的变形是协调一致的。需要说明的是，在实际钻孔中，由于自重应力作用，光纤与充填物的耦合性会比试验好。

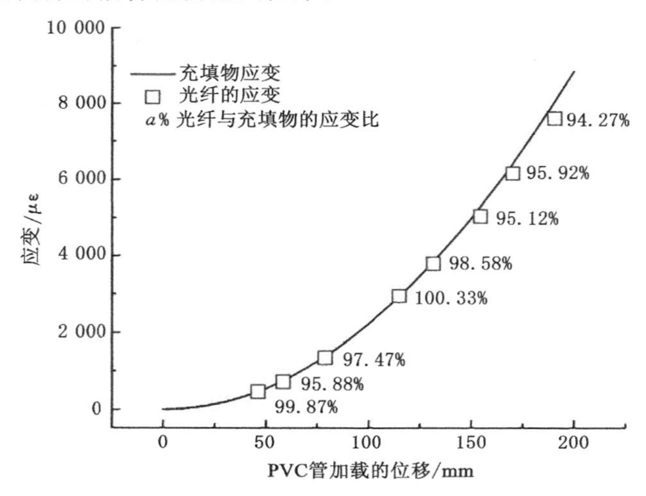

图 3-14　不同加载等级下光纤应变与充填物理论计算应变的对比

(2) 充填物与围岩的变形一致性试验

根据光纤监测位置附近钻孔的岩芯岩性及力学性质，将上覆基岩划分为 5 组，分别为风化基岩、泥质砂岩、粉砂岩、细砂岩、粗砂岩，单轴抗压强度分别为 20.01 MPa、24.88 MPa、35.22 MPa、40.10 MPa、28.54 MPa，具体物理力学性质如表 3-8 所列。

表 3-8　监测区上覆岩土样品的物理力学性质

岩性	E/GPa	R_c/MPa	R_m/MPa	屈服压缩应变/$\mu\varepsilon$	屈服拉伸应变/$\mu\varepsilon$
沙层	0.21	0.22	0.02	−1 247.62	95.24
土层	0.50	0.50	0.05	−1 500.10	100.01
风化基岩	4.51	20.01	1.01	−7 436.81	223.95
泥质砂岩	8.67	24.88	1.66	−4 109.67	191.46
粉砂岩	12.98	35.22	2.35	−4 273.41	181.05
细砂岩	13.26	40.10	2.67	−4 024.13	201.36
粗砂岩	10.44	28.54	2.38	−3 633.72	227.97

对应上述 5 组基岩的物理力学特性，利用硅酸盐水泥、平均粒径为0.43 mm的干燥河砂、平均粒径为 18.25 mm 的碎石、水与萘磺酸盐系减水剂按一定比例混合制作 5 种对应的充填物，并用于之后钻孔的注浆回填。为获得强度和变形特征与围岩相近的注浆充填物，进行了一系列的配比试验，具体流程如下：

① 选择混合物材料，利用质量比例进行配比，如图 3-15 所示。

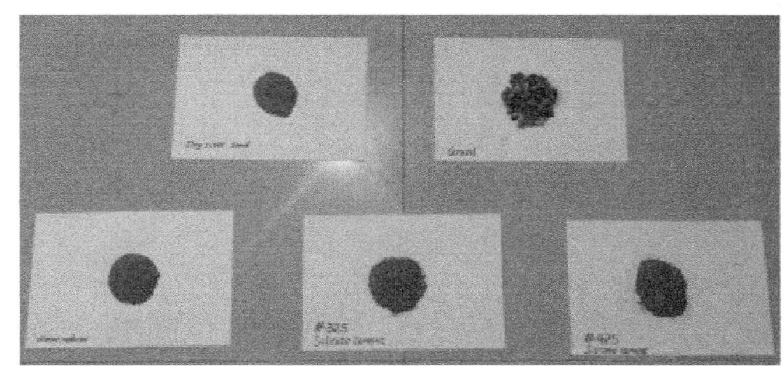

(a) 配比材料

(b) 电子天平

图 3-15　注浆混合物配比材料及称重电子天平

② 封孔水泥浆制作与养护，养护时间 20 d 以上，如图 3-16 所示。

图 3-16　封孔水泥浆制作与养护

③ 岩芯与充填物样品制作，制作直径 50 mm、高 100 mm 的圆柱体(抗压)与直径 50 mm、高 25 mm 的圆柱体(抗拉)，如图 3-17 所示。

④ 进行 5 组岩样与充填物样品无侧限单轴应力-应变试验与单轴抗剪强度试验，如图 3-18 所示。

⑤ 对比分析岩样与对应充填物的强度及其变形特征。

⑥ 标记对应岩样强度、变形一致性较差的充填物，重新选择或调整制作材

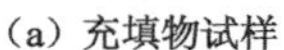

(a) 充填物试样

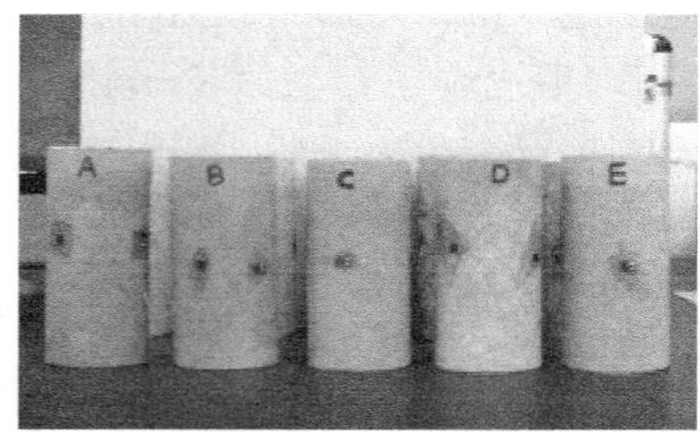

(b) 粘贴应变片的岩石与充填物试样

图 3-17　试验样品加工与制作

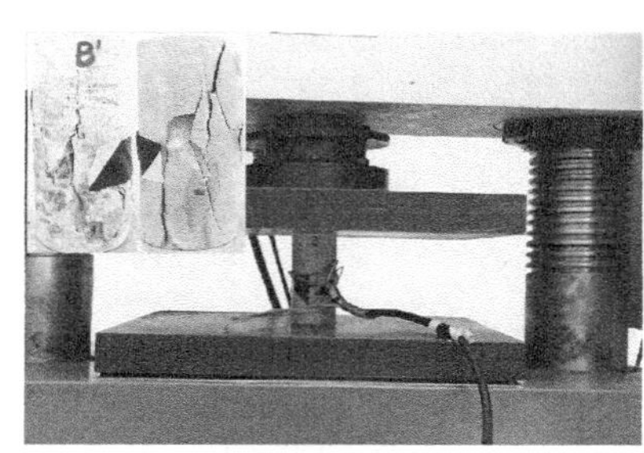

(a) 单轴压缩试验

(b) 剪切试验

图 3-18　单轴压缩试验与剪切试验

料与(或)配比。

⑦ 重复步骤①～⑥,直至所有样品与对应岩样强度及变形有较高一致性。

经过多次反复配比与试验,最终确定了对应 5 组岩石的充填物材料配比方案,具体材料的选择与配比如表 3-9 所列。

表 3-9　1 kg 混合充填材料的组成和配比

编号	目标单轴抗压强度/MPa	水泥/g		干燥河砂/g	石子/g	水/g	减水剂/g
		32.5 级	42.5 级				
A′	20±2.5	168.92	0	680.74	0	150.34	0
B′	25±2.5	150.60	0	254.52	515.06	79.82	0
C′	30±2.5	137.36	0	315.94	473.90	71.43	1.37
D′	35±2.5	0	137.55	279.23	519.94	61.90	1.38
E′	40±2.5	0	152.91	272.17	513.76	59.63	1.53

注:32.5 级与 42.5 级表示水泥的型号。

利用表 3-9 的材料与配比制作出的样品单轴压缩应力-应变曲线被测得并与对应的岩芯样品进行了对比，如图 3-19 所示。岩芯样品与对应充填物强度的一致性很好，粗砂岩的差异最大，充填物的强度较对应岩芯的强度低了 1.8 MPa，约为岩芯强度的 6%。图 3-19 所有子图中的岩芯与对应充填物的应力-应变曲线的形态与变化趋势均表现出较好的一致性。随着应力的增大，岩芯

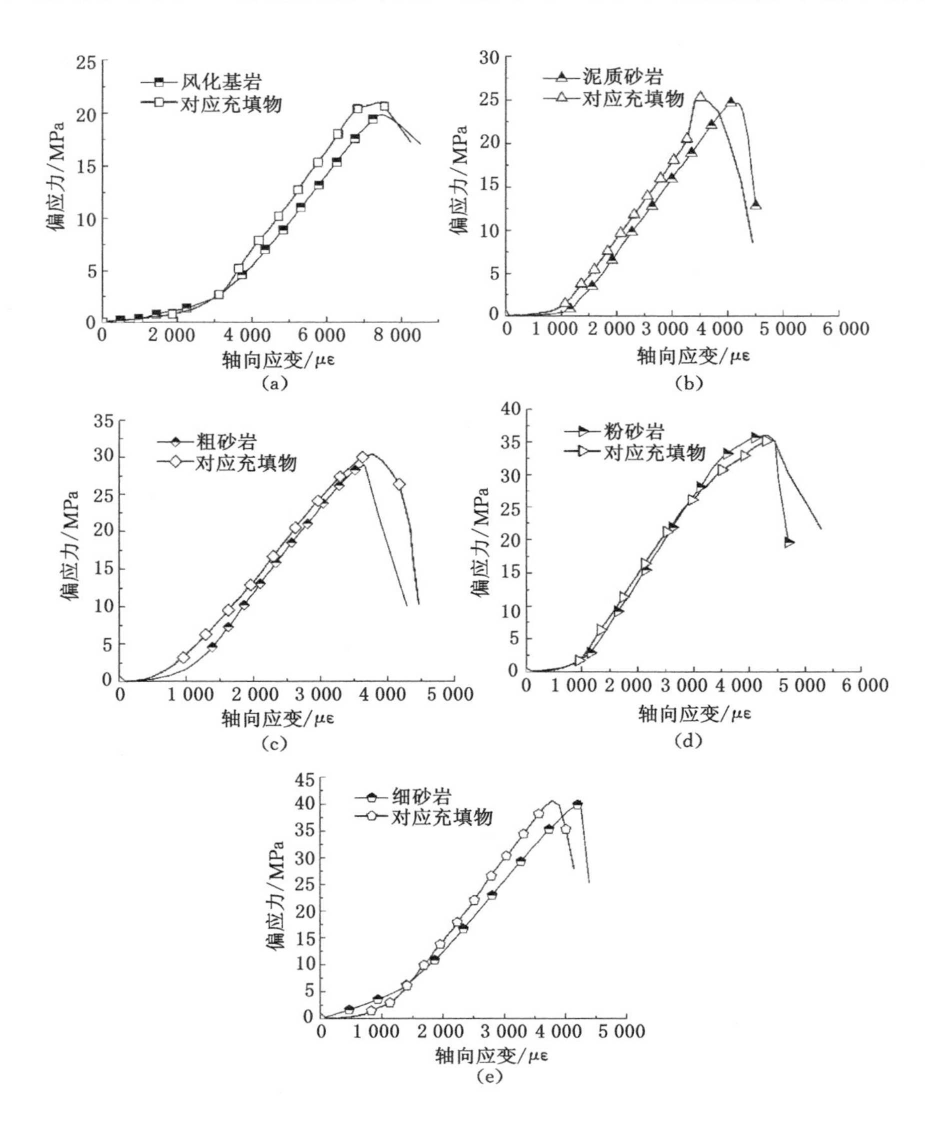

图 3-19　围岩与相应充填材料的应力-应变曲线

与对应充填物应变的差异呈逐渐增大的趋势。相同应力条件下，5 种充填物的变形与岩芯样品变形的最大差异分别为 426.34 με、172.05 με、118.12 με、628.59 με、65.91 με，分别为岩芯样本应变的 10.88%、4.03%、3.25%、14.91%、0.89%。实验结果显示，岩芯与对应充填物的强度与应变的差异均在 15%以内，这意味着充填物与围岩的变形可以认为是一致的。

综合 2 个自行设计的变形一致性试验的结果，光纤变形与围岩变形的一致性较好，采动覆岩的变形与破坏可以利用光缆的变形进行分析。

3.2.4 分布式光纤原位动态监测方案

(1) 监测位置与钻孔条件

为探查与分析采动覆岩变形破坏的动态特征与规律，在金鸡滩煤矿 108 工作面布设了 2 个监测点。108 工作面为一盘区西南翼首采工作面，采用大采高采煤工艺，设计采高 5.8～8.0 m，开采 2^{-2}煤层。煤层厚度 5.80～8.03 m，平均 6.94 m，整体由西向东逐渐增厚；煤层倾角 0.05°～0.5°；煤层埋深 244.0～251.7 m，平均 247.0 m。工作面走向长 5 616 m，倾斜宽 300 m。地面相对位置大部分被第四系风积沙覆盖，为典型的风成沙丘及滩地地貌，无地表水系通过，地面标高＋1 210.7～＋1 227.7 m。为获取工作面开采导水裂缝带发育高度的动态变化与最大值，JKY1、JKY2 2 个钻孔被分别施工在距离开切眼 581.66 m、1 745.71 m 的工作面中心轴线上，如图 3-20 所示。

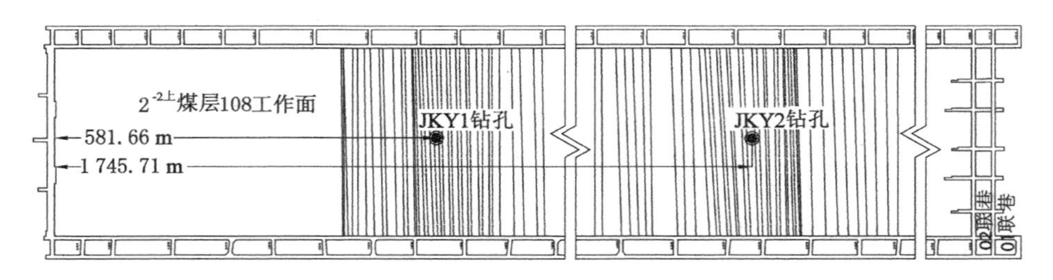

图 3-20 光纤监测钻孔相对于 108 工作面的位置

JKY1 钻孔与 JKY2 钻孔沙层与土层部分孔径 190 mm，风化基岩部分孔径 142 mm，完整基岩部分裸孔孔径 113 mm，钻进深度分别为 252.91 m 与 246.75 m，具体如图 3-21 所示。

(2) 感测光缆选型与标定

覆岩变形破坏监测具有变形大、隐蔽性强、连续性差、时间长和环境恶劣等特点，因此感测光缆需要满足光缆的长度适中、抗拉性能良好、抗弯折能力强、可有效抵抗外力冲击、耐腐蚀性好、整体性和应变传递性好等条件。考虑光学性

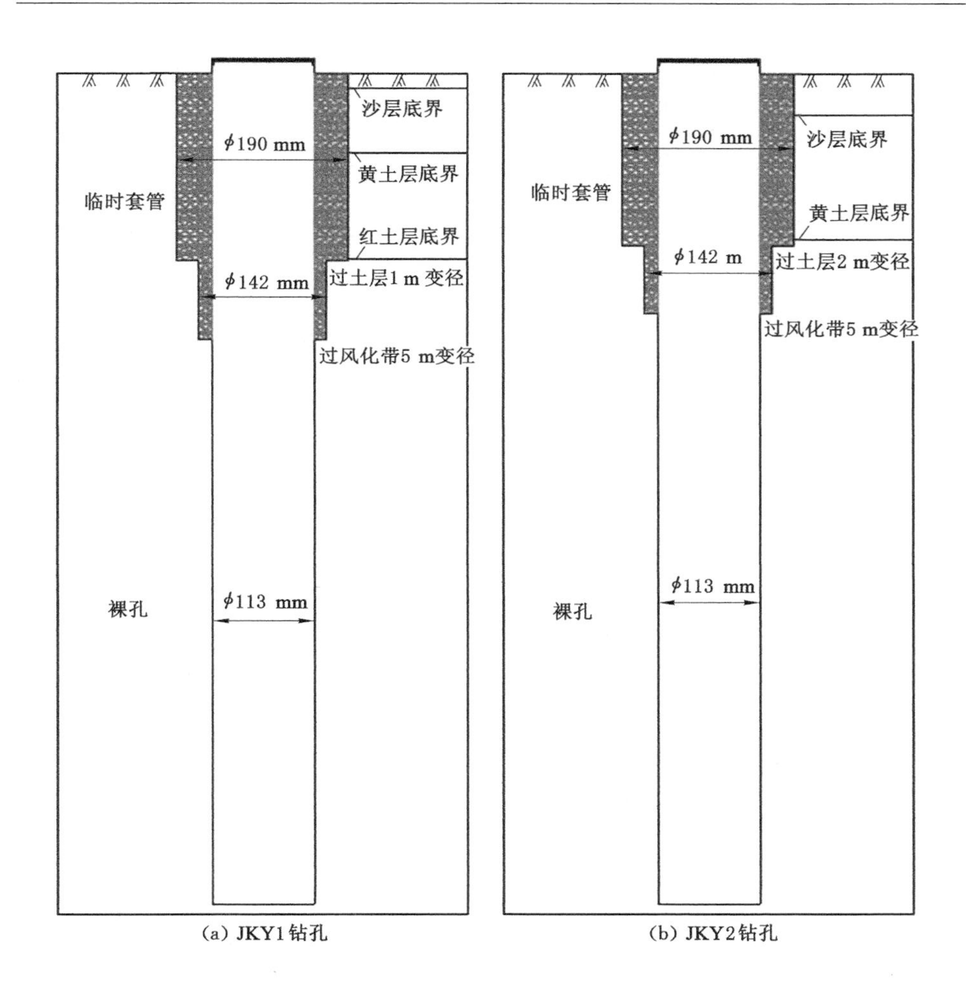

图 3-21　监测钻孔结构示意图

能、力学强度与应变传递性能 3 种因素，纤维加强筋分布式应变感测光缆（GFRS）、金属基索状分布式应变感测光缆（MKS）、10 m 定点式分布式应变感测光缆（10 m-IFS）3 种光缆被选定。其中，GFRS 光缆具有精度高优势，MKS 光缆具有强度大优势，10 m-IFS 光缆具有抗变形能力强优势，3 种光缆相互补充，具体参数如表 3-10 所列。

表 3-10　监测选用的 3 种传感光缆的参数与特点

光缆类型	直径/mm	抗拉强度/MPa	应变范围/%	重度/(kN/m³)	主要特点	适用条件
GFRS	5.8	4.5	±1.5	28	对变形的敏感性强，可能获得微小尺寸的变化；剪切强度与抗磨损能力较差	对测试精度的要求较高，埋设的环境较好
MKS	5.0	6.5	±1.5	38	抗剪抗拉强度与抗磨损能力高，对小变形的控制能力较弱，对变形的敏感性一般	对测试精度的要求一般，埋设的环境较差
10 m-IFS	5.0	3.0	0～5.0	40	拉伸性能好，抗变形能力较强，对局部变形不敏感	要求测试的变形范围大，空间分辨率要求不高

传感光缆一般由纤芯、耦合剂、加强件与护套四部分组成。本次所用光缆的纤芯均为直径 0.9 mm 的单模纤芯，其结构如图 3-22 所示。

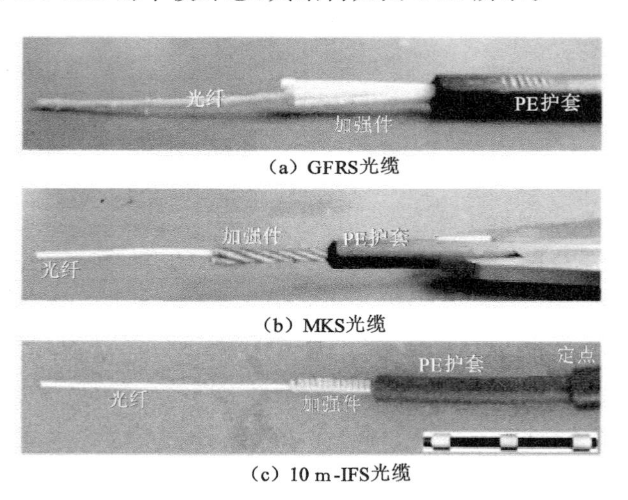

(a) GFRS光缆

(b) MKS光缆

(c) 10 m-IFS光缆

图 3-22　3 种选定光缆的组成结构

如 3.2.2 节所提及，在测试前应对光纤的应变比例系数与温度比例系数进行标定。为使获取的结果更加准确，利用 BOTDA 解调设备（日本 Neubrex 公司生产的 NBX-6050 型光纳仪）进行标定，其主要参数如表 3-11 所列。

表 3-11 标定 BOTDA 解调设备主要参数

最大测试量程/m	频率采样范围/GHz	空间分辨率/m	最小空间采样间隔/m	处理平均次数
50	10.75～11.35	0.1	0.01	2^{15}

利用南京大学施斌教授课题组研发的一套定点拉伸装置及方法对选定光缆进行标定，首先将光缆固定在装置两端；然后预拉光缆使其处于微绷状态，稳定后锁固光缆；之后利用微机控制装置拉拔，稳定后进行数据采集。3 种光缆所使用的纤芯一样，其标定结果也是一致的，结果表明，应变比例系数为 0.004 93 MHz，温度比例系数为 1.430 MHz/℃。图 3-23 为 GFRS 光缆应变比例系数和温度比例系

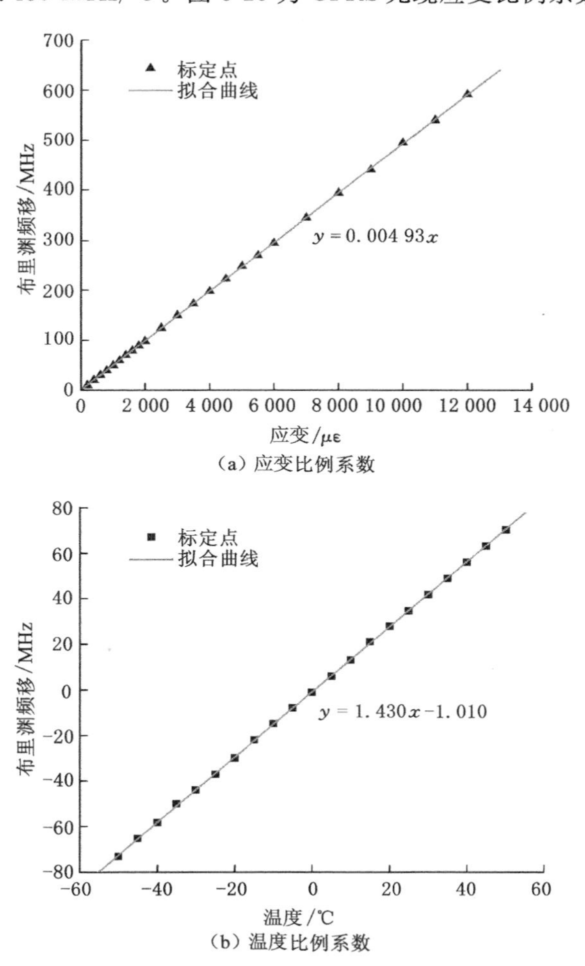

(a) 应变比例系数

(b) 温度比例系数

图 3-23 GFRS 光缆应变比例系数与温度比例系数标定曲线

数标定曲线。

(3) 应变传感光缆的布设

在 JKY1 钻孔与 JKY2 钻孔中均铺设 MKS、GFRS 及 10 m-IFS 3 种应变传感光缆与 1 种温度感测光缆,JKY1 钻孔光缆下放深度为 200 m,JKY2 钻孔光缆下放深度为 205 m,具体如图 3-24、图 3-25 所示。

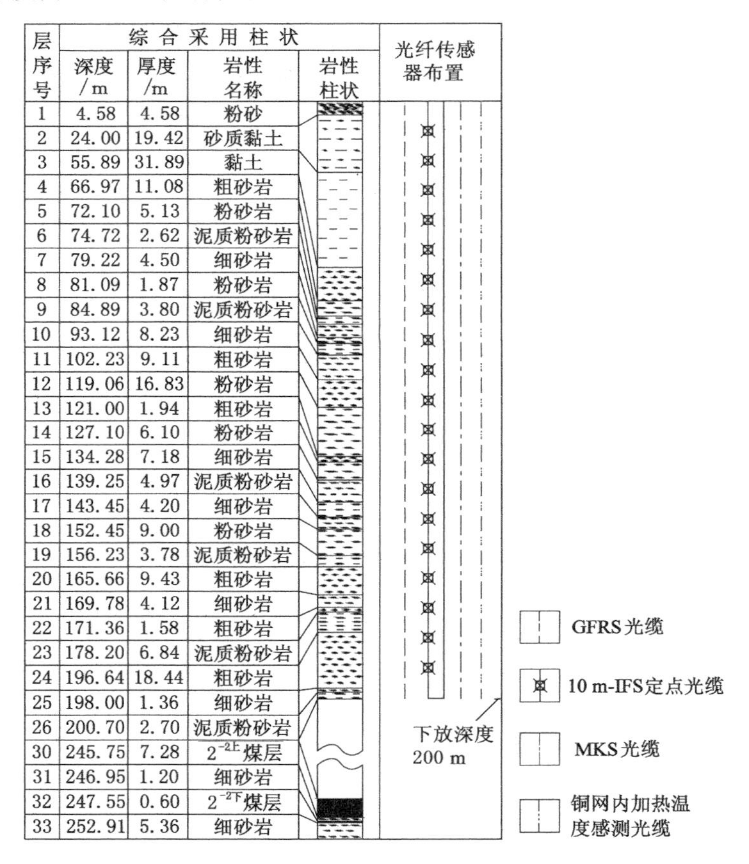

层序号	综合采用柱状				光纤传感器布置
	深度/m	厚度/m	岩性名称	岩性柱状	
1	4.58	4.58	粉砂		
2	24.00	19.42	砂质黏土		
3	55.89	31.89	黏土		
4	66.97	11.08	粗砂岩		
5	72.10	5.13	粉砂岩		
6	74.72	2.62	泥质粉砂岩		
7	79.22	4.50	细砂岩		
8	81.09	1.87	粉砂岩		
9	84.89	3.80	泥质粉砂岩		
10	93.12	8.23	细砂岩		
11	102.23	9.11	粗砂岩		
12	119.06	16.83	粉砂岩		
13	121.00	1.94	粗砂岩		
14	127.10	6.10	粉砂岩		
15	134.28	7.18	细砂岩		
16	139.25	4.97	泥质粉砂岩		
17	143.45	4.20	细砂岩		
18	152.45	9.00	粉砂岩		
19	156.23	3.78	泥质粉砂岩		
20	165.66	9.43	粗砂岩		
21	169.78	4.12	细砂岩		
22	171.36	1.58	粗砂岩		
23	178.20	6.84	泥质粉砂岩		
24	196.64	18.44	粗砂岩		
25	198.00	1.36	细砂岩		
26	200.70	2.70	泥质粉砂岩		
30	245.75	7.28	$2^{-2上}$煤层		
31	246.95	1.20	细砂岩		
32	247.55	0.60	$2^{-2下}$煤层		
33	252.91	5.36	细砂岩		

图 3-24　JKY1 钻孔柱状及光纤传感器布置示意

(4) 现场埋设

根据图 3-24 和图 3-25 所示的传感光缆的布置,利用不锈钢导向锥体将光缆植入钻孔,利用钻杆与光缆长度标尺确定植入深度,埋设步骤与情况如下:

① 根据光缆上的标尺确定光缆位置,利用 PA 扎带与水性环氧树脂将所有端部光缆分为两股并对称固定在导向锥体上,期间需要考虑光缆的对称性,防止在埋设过程中导向体发生倾斜,如图 3-26 所示。

层序号	综合采用柱状				光纤传感器布置
	深度/m	厚度/m	岩性名称	岩性柱状	
1	4.00	4.00	粉砂		
2	12.37	8.37	细砂		
3	38.18	25.81	粉质黏土		
4	42.10	3.92	细砂岩		
5	50.60	8.50	中砂岩		
6	55.70	5.10	粗砂岩		
7	66.20	10.50	细砂岩		
8	70.17	3.97	粉砂岩		
9	75.36	5.19	砂质泥岩		
10	81.03	5.67	细砂岩		
11	83.47	2.44	泥质粉砂岩		
12	91.63	8.16	粉砂岩		
13	94.03	2.40	砂质泥岩		
14	98.71	4.68	粉砂岩		
15	104.74	6.03	中砂岩		
16	106.54	1.80	粗砂岩		
17	111.52	4.98	粉砂岩		
18	123.90	12.38	细砂岩		
19	127.00	3.10	泥质粉砂岩		
20	135.00	8.00	中砂岩		
21	138.00	3.00	泥质粉砂岩		
22	148.13	10.13	粗砂岩		
23	158.69	20.56	泥质粉砂岩		
24	164.74	6.05	细砂岩		
25	174.72	9.98	泥质粉砂岩		
26	189.10	14.38	粗砂岩		下放深度 205 m
27	209.21	20.11	中砂岩		
29	245.55	7.50	2^{-2}煤层		
30	246.75	1.20	细砂岩		

图 3-25　JKY2 钻孔柱状及光纤传感器布置

图 3-26　下放前感测光缆与导向锥体的安装

② 进行埋设前扫孔工作，并利用钢刷去除钻孔孔壁上的泥浆，随后利用清水彻底清洗钻孔。本步骤一方面是为保证光缆的顺利下放；另一方面使得注浆浆液与围岩直接接触，保证浆液与围岩之间无薄弱滑移面的存在。

③ 将导向锥体上部较细部分插入钻杆，利用反螺纹将钻杆与锥体连接。

④ 将钻杆与导向锥体放入钻孔，开始下放光缆，下放过程中需要拉紧光缆防止钻杆与导向锥体脱离。采用滚动式放线方法，可以最大限度减小光缆相互缠绕的现象发生；在孔口位置须保证光缆垂直，下放过程中须保证光缆不发生旋转与扭动，下放速度要均匀，不可过快或过慢，如图 3-27 所示。

(a) 钻杆与导向锥体入孔

(b) 滚动式放线

(c) 垂直植入光缆

图 3-27　光缆植入过程

⑤ 利用钻杆下放的位置与光缆长度标尺确定下放位置，待位置到达后，朝钻孔四周拉紧光缆，转动钻杆，在导向锥体自重作用下使得锥体与钻杆脱离。

⑥ 根据编录的钻孔柱状图，利用 3.2.3 节确定的配比浆液进行分层注浆，土层与沙层直接利用钻孔附近的土（红土与黄土）与沙进行分层回填，分层的位置利用测温光缆的明显差异确定。

⑦ 在孔口留设长 5 m 左右的光缆，利用熔接机将光缆与跳线连接，供之后测试使用，在钻孔附近做好防护箱，保护好孔口光缆与跳线，等待测试。

在步骤⑥实施之前，计算和分析每种充填材料的对应位置与预计用量。回填遵循多次少量的原则，利用铜网内加热温度感测光缆确定灌浆位置。其原理是：孔内水和充填物的比热容和换热系数相差很大，导致温度感测光缆在充填物和水中的温度差异显著，通过温度测试仪可测量到这种差异和位置的变化，从而确定灌浆材料的位置。按岩性及力学参数对钻孔进行分层注浆回填，有益于保证光缆和围岩变形之间的一致性。

（5）监测过程

根据工作面实际开采进度与监测位置，分别于 2016 年 7 月 21 日—9 月 29 日、2016 年 10 月 24 日—11 月 26 日对 JKY1、JKY2 钻孔进行了测试，JKY1 钻孔处数据现场采集环境如图 3-28 所示。在工作面推进位置距离 JKY1 钻孔

－210～550 m，距离 JKY2 钻孔－250～250 m 范围内进行现场监测，具体监测日期与相对工作面位置如图 3-29 所示。

图 3-28 JKY1 钻孔处数据现场采集环境

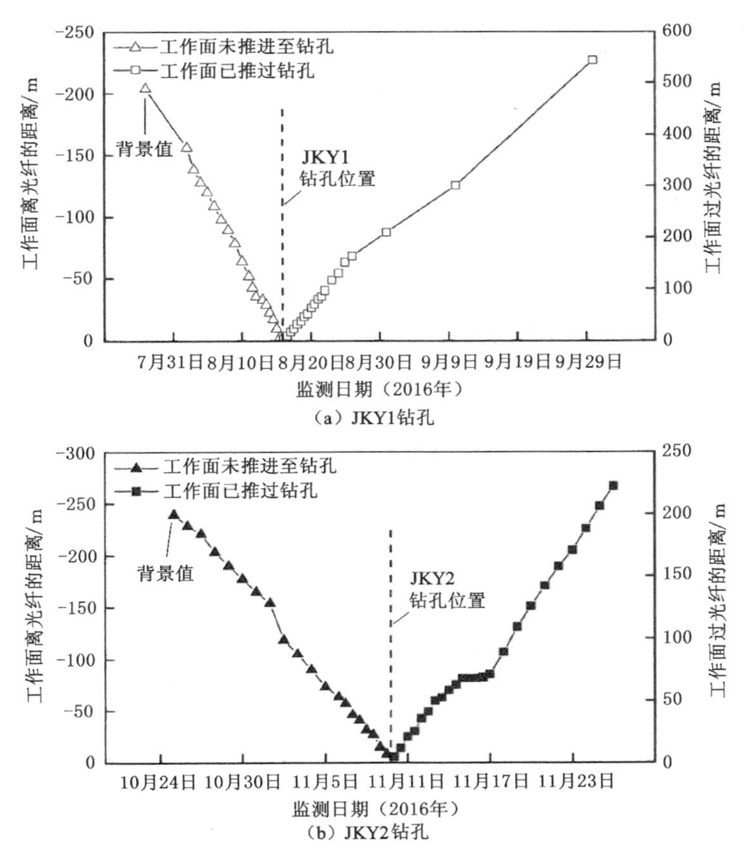

图 3-29 监测日期与相对工作面的位置

3.2.5 监测结果与分析

现场采集的覆岩变形破坏的数据在分析前需要解译与处理，具体步骤如下：首先将钻孔第一次测试的应变结果作为背景值，把随后的每一次测试结果与其进行对比，并作差分析；利用测试数据与钻孔对比分析结果并结合钻孔埋设参数，确定光缆测试起点。测量数据包含引线段光纤数据及监测段应变数据，由于受到测试时的拉压力影响，引线数据无规律波动，植入地层中光缆受岩（土）体和注浆体变形所影响，其初始应变起伏波动，根据此特征对光缆入土的位置进行精确定位；最后对比钻孔覆岩结构与应变曲线对覆岩动态运动特征进行分析。

（1）覆岩的变形特征

覆岩的变形特征分析依赖于采动过程钻孔中光纤的应变动态曲线，因此需要先对光纤的变形特性进行分析。JKY1 钻孔中 3 种分布式光纤应变动态分布特征如图 3-30 所示，图中水平轴表示传感光缆的应变值，垂直轴表示传感光缆的地表埋设深度。正应变表示光缆处于拉伸状态，负应变表示光缆处于压缩状态。光缆应变的采样间隔为 0.1 m，下同。

JKY1 钻孔内 3 种光缆的应变曲线相似，均显示明显的波动与峰值，但不同的传感光缆在开采过程中表现出的应变分布特征存在一定差异。当工作面推进位置与光纤间距超过 0 m 时，应变值急剧增加，峰值拉应变的位置上移，这主要是因为最大拉应力随着下部岩层的破坏逐渐上移。对比图 3-30（a）与图 3-30（b）可知，同一时间的应变曲线，GFRS 光缆显示的波动与峰值更加明显，波动性与拉应变的数值整体上较 MKS 光缆大，这说明 GFRS 光缆与地层变形的耦合性较 MKS 光缆好且对变形更加敏感。而对比图 3-30（a）与图 3-30（c）可以发现，10 m-IFS 光缆处拉应变的峰值较 MKS 光缆小，且其变化曲线呈阶梯状，这主要是由于 10 m-IFS 光缆将局部大应变转换为两点之间的小变形，可以延长传感光缆的寿命，但是对局部变形不敏感，容易忽视关键部分信息。从图 3-30（a）可以看到明显的负应变，而图 3-30（b）与图 3-30（c）则不然，造成 2 个子图中产生负应变的原因具有本质差异。由于 10 m-IFS 光缆的制作理念是将 2 个定点之间的变形均分到两点之间，其主要针对的是拉应变，无法测得压应变，即当光缆受压时测得的应变值基本在“0”左右徘徊，产生较小的负应变的原因是光缆之间的压缩而非围岩对光缆的压缩。因此，10 m-IFS 光缆无法获得负应变是由其工作原理决定的。另外，虽然在测试过程中 GFRS 光缆表现出了很好的光学性能与应变传递性能，但在工作面推过钻孔过程中，GFRS 光缆发生多次断裂，分别在工作面推过钻孔 52 m、63 m、116 m 和 210 m 时，最后仅剩余长度不足 90 m，GFRS 光缆未能获取后期的负应变值，即 GFRS 光缆未能测得负应变的原因是其强度较低，在覆岩活动过程中被拉断，无法获得覆岩变形破坏的全部信息。

综上所述，MKS 光缆可以很好地完成覆岩变形监测的任务，虽然测试精度较 GFRS 光缆差，可能存在相对滑动的现象，但从测试结果上可以看出 MKS 光缆的变形范围、形变量相对于 GFRS 光缆的差异不大，因此 MKS 光缆仍具有较

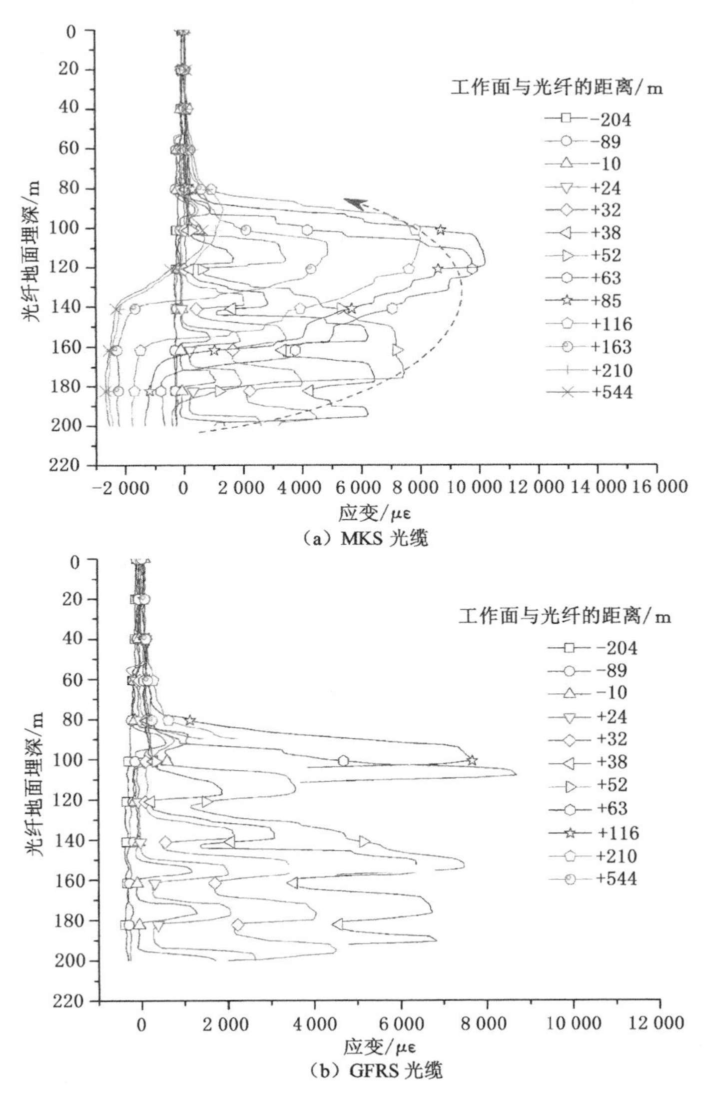

图 3-30 JKY1 钻孔中 3 种应变感测光缆的应变动态分布特征

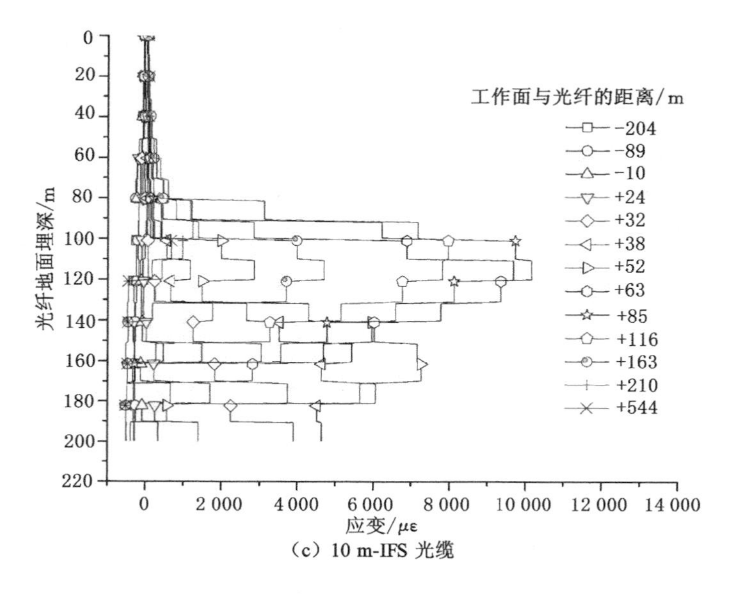

(c) 10 m-IFS 光缆

图 3-30 （续）

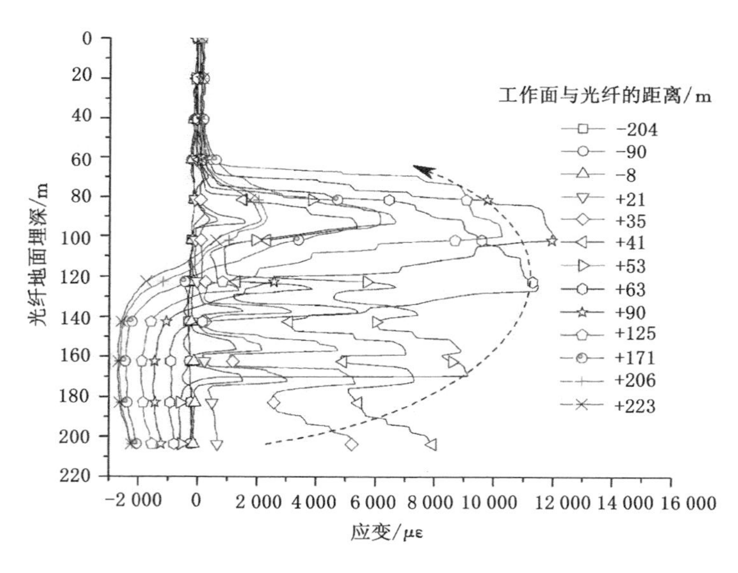

图 3-31 JKY2 钻孔中 MKS 应变感测光缆的测试结果

高的测试精度。此外,MKS 光缆的强度能够达到测试要求,也能够反映光缆的局部变形特征。JKY2 钻孔 MKS 光缆的测试结果如图 3-31 所示。以下利用 MKS 光缆的测试结果对 2 个钻孔处的应变进行分析。

当工作面距离JKY1钻孔光纤很远时,光纤的应变很小,并且处于受压状态。在工作面推进至距离钻孔－89 m时,由于超前剪切应力的影响,光纤中部(埋深约－90 m)出现正应变,由此可得出煤层采动的超前影响角约为59°。当工作面接近和通过光纤时,光纤下部(埋深110 m以下)处于受拉状态。随着工作面的推进,光纤应变逐渐变为正值,应变曲线呈"台阶"状发展。应变峰值逐渐增加并且峰值的位置逐渐向上移动,如图3-30(a)的箭头虚线所示。当工作面与光纤的距离为63 m时,光纤下部(埋深－165 m以下)应变呈负值且再次处于压缩状态,这主要是由垮落岩层的自重导致的。由于后支撑荷载,且随着开采的继续,负应变逐渐增大,压缩的范围逐渐增加。当工作面与光纤的距离为85 m时,拉应变增大到峰值,约为＋10 200 με。之后,峰值正应变逐渐降低,直至＋720 με左右。当工作面推进210 m时,应变分布基本达到稳定状态,0～120 m为较小的拉应变,120 m以下呈现压应变,应变最大值达到近－2 700 με。光纤的整体应力状态变化过程可以分为2部分,上部光纤为压缩—拉伸过程,下部光纤为压缩—拉伸—压缩过程,能够反映采动过程中上覆岩层的垂向变形特征。

JKY2钻孔MKS光缆应变分布特征如图3-31所示,图中的曲线形态及变化特征与图3-30(a)相似,由于JKY2钻孔处的煤层厚度略大,导致拉应力峰值较JKY1钻孔处大,达到11 500 με。工作面推过钻孔后再次被压缩,范围为110～200 m。此外,相对稳定时光纤的拉应变与压应变的峰值分别为－2 750 με和1 600 με。

应变曲线的台阶发展过程表明了在不同推进距离下,不同高度位置岩层受到不同的拉应力作用,具有明显的范围特征。直接顶板垮落后,采动裂隙逐渐向上发育,基本顶开始破断移动,沿光纤方向的岩体逐渐受到拉应力作用,其拉应力大小与岩层向下回转运动时破断下沉的程度有关,由此引发的光纤传感器在不同范围内呈现出不同的应变分布。测试曲线形成台阶结构,表征岩层从下向上的垮落过程以及岩层内的应力状态。

为了解释在整个开采过程中上覆岩层的时间和空间的运动特征,制作了覆岩应变等值线,如图3-32所示。图中的水平轴表示采掘工作面与钻孔之间的距离,反映了整个开采过程中的变形发展。垂直轴是岩层的地面埋深,表示覆岩变形、破坏高度和范围。

根据应变云图的变化可以看出,煤层采动过程中上覆岩层的破坏主要是拉伸应力作用的结果,岩体的裂隙首先发生在岩层内部拉应力最大并达到抗拉强度极限的部位,裂隙的方向与最大拉应力方向垂直,并沿着最大拉应力正交迹线方向扩展。因此,破断线位置处的岩石受到较大的拉应力,已经破断垮落的岩块受到较小的拉应力,或者受到垮落岩层的自重影响而处于受压状态。

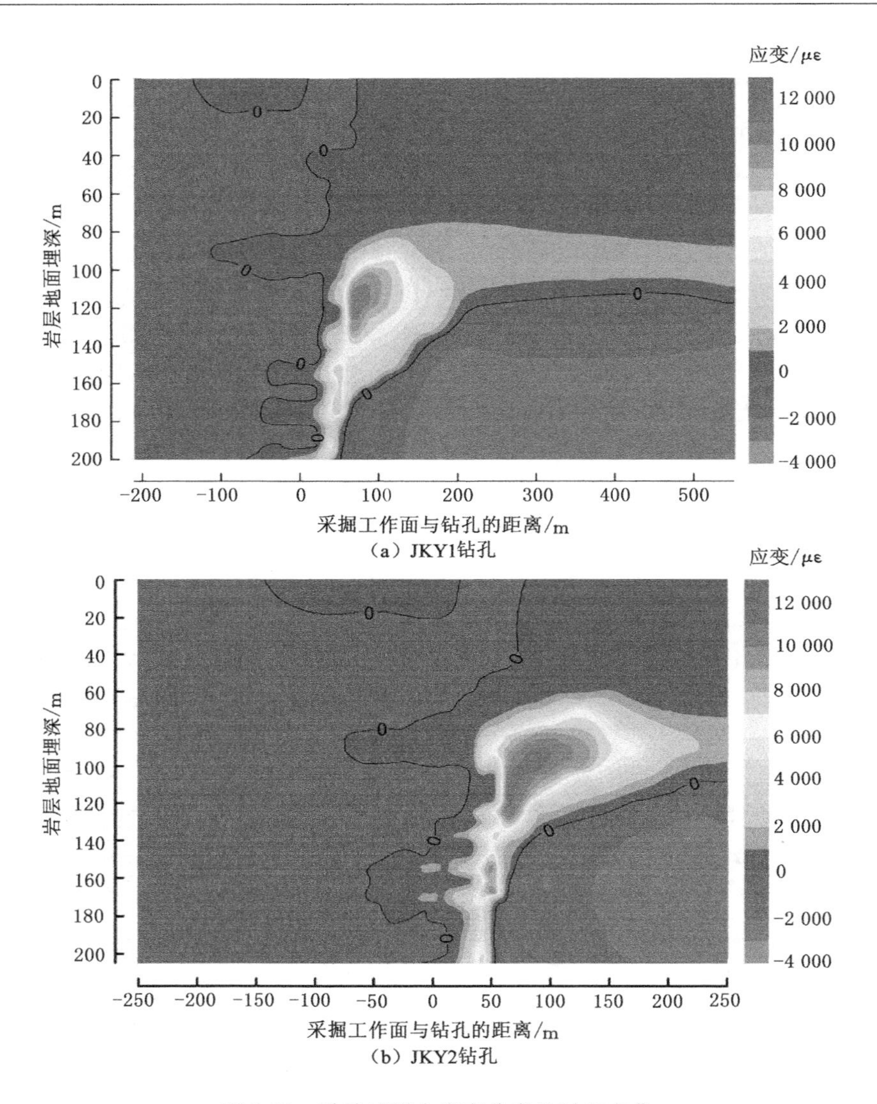

(a) JKY1钻孔

(b) JKY2钻孔

图 3-32 采动过程中应变分布的时空变化

在距离工作面－100 m 以外时，光缆的应变值较小，这表明在传感光缆周围岩层的运动强度非常小。随着采煤工作面逐渐向前推进，由于岩层裂隙与离层的出现，光缆应变由正值变为负值，由压缩状态变为拉伸状态。拉伸应变急剧增加，而峰值拉伸应变的位置逐渐向上。同时，拉伸应变范围逐渐扩大。

如图 3-32(a)所示，当工作面与 JKY1 钻孔的距离为 68～85 m 时，在风化带底界附近，顶板岩层应变达到峰值，拉伸应变范围最大。同时，埋深 160 m 以下范围内的岩层的应变值为负，说明垮落岩体受后支承荷载左右，处于压缩状态。随着工作面的继续推进，顶板的拉伸应变峰值位置不断向上移动。然而，峰值应变和拉伸应变范围减小。煤层上部的再压缩区域不断增大且压缩应变不断增加。如图3-32(b)所示，当工作面与JKY2钻孔距离为63～90 m时，在风化带下部，顶板应变达到峰值，拉伸应变范围最大。同时，埋深140 m以下范围内的岩层处于压缩状态。随着工作面的继续推进，拉伸应变峰值逐渐减小且不断向上移动，最后稳定在2 071 με左右，位置在埋深92 m处。同时，拉伸应变的分布区域逐渐减小。煤层上部的再压缩区域不断增大且压缩应变增加，最终压缩区域稳定在埋深113 m左右以下。

对比图3-24、图3-25与图3-32可以发现，光缆应变与地层具有很好的对应关系，在一般情况下，在岩性相对较软的地层中或者软硬地层交界面的周围，拉伸应变相对较大，而在岩性相对较硬的地层中应变量较小且多为压缩应变。处于杨氏模量较大的坚硬岩层中的传感光缆的应变值相对较小，如图3-24中的11号粗砂岩、17号细砂岩与18号粉砂岩，图3-25中的12号粉砂岩、15号中砂岩与26号粗砂岩；处于杨氏模量相对较低的软弱岩层中的传感光缆的应变值相对较大，如图3-24中的16、19、23号泥质粉砂岩，4～8号风化岩石；图3-25中的19、21、25号泥质粉砂岩，4～8号风化岩石。说明在采动应力作用下，岩石的竖向压缩量与杨氏模量成反比，与岩石的坚硬程度也成反比。

(2) 采动导水裂缝带的动态发育高度

① 确定方法

目前，利用分布式光纤监测覆岩变形的方法已逐渐成熟，但关于如何利用测试结果来确定采动过程中覆岩的破坏情况尚处于探索阶段。在以往的研究中，确定覆岩破坏情况的方法主要包括利用光纤应变曲线的形态与利用光纤的应变大小2种方法。基于相似材料模型试验，袁强指出利用光纤变形曲线的形态(连续变化、台阶变化与恢复)可以确定弯曲下沉带、导水裂缝带与垮落带的高度；但在现场监测的结果中并未出现上述的3种形态或状态，因此该方法不适用于本书。基于现场测试，程刚指出根据光纤应变积分得到的位移可以确定覆岩的破坏情况，并认为光纤断点的位置可以帮助分析覆岩导水裂缝带的位置。该方法将覆岩的破坏情况与光纤的位移联系在一起，实现了覆岩破坏高度的确定，但是由于采动过程中覆岩的运动可能导致光纤与覆岩分离或者发生弯曲，可能导致覆岩破坏高度的确定结果与实际情况存在较大的误差。

随着工作面不断向钻孔方向推进，覆岩将由下至上逐渐发生破坏，为了得到覆岩破坏的动态高度，特别是最大高度，基于上述分析，本书通过对比光缆的应变量与岩石力学试验屈服应变量，对覆岩的变形与破坏状态进行分析。

上覆岩石的单轴抗压强度、单轴抗拉强度与杨氏模量通过室内试验测得(表 3-8),岩石在发生拉、压屈服时的应变量可以利用式(3-8)计算得到。

$$\varepsilon = \frac{\sigma}{E} \tag{3-8}$$

式中 ε——岩石的应变量,$\mu\varepsilon$;

σ——岩石的单轴抗拉或抗剪强度,MPa;

E——杨氏模量,1×10^{6} MPa。

由于传感光缆与周围岩石的协调变形,采动过程中覆岩的变形可以用光纤的应变值表示。假定覆岩仅在拉、压应力下产生破坏,可以对比光缆的应变量与岩石力学试验屈服应变量,将覆岩的状态分为拉破坏状态、弹性变形状态与压破坏状态。

通过对比 MKS 光缆应变与岩石的室内试验结果,可以对覆岩的变形与破坏状态进行分析,当光纤应变实测值大于对应岩石的屈服压缩应变而小于屈服拉伸应变时,岩石处于弹性变形状态;当光纤应变实测值小于或等于对应岩石的屈服应变时,岩石处于压破坏状态;当实测值大于或等于对应岩石的屈服拉伸应变时,岩石处于拉破坏状态。

② 动态发育高度

根据光缆应变与屈服应变的比较,绘制了覆岩的变形破坏分布图(图 3-33)。图 3-33(a)显示了工作面分别距离 JKY1 钻孔 10 m、52 m、100 m、151 m、210 m、544 m 时覆岩的变形破坏区分布特征。图 3-33(b)显示了工作面分别距离 JKY2 钻孔 11 m、50 m、95 m、158 m、206 m、250 m 时覆岩的变形破坏区分布特征。由图可知,在采动应力与巷道围岩变形的影响下,地层主要产生拉张破坏。随着工作面的推进,地层的拉应变破坏区域越来越大,当工作面推过 JKY1 钻孔 100 m 时,上覆岩层拉张破坏区顶界位置埋深为 72.4 m;当工作面推过 JKY2 钻孔 95 m 时,上覆岩层拉张破坏区顶界位置埋深为 62.3 m。在工作面推过钻孔 150～200 m 范围内,破坏区的最高点逐渐趋于稳定,随后略有下降,下降的主要原因是应力恢复与水岩作用使得裂隙发生闭合。

根据上述分析,JKY1、JKY2 钻孔覆岩破坏的最大高度分别为 170.55 m 和 178.45 m,位置约在工作面推过钻孔 200 m 左右处。对比 3.1 节导水裂缝带高度传统方法原位探查结果,在 5.5 m 厚煤层上方的覆岩破坏区的最大高度为 111.32 m,为煤层开采高度的 20.24 倍,而光纤测试的结果为 23.79(JKY1 钻孔)～24.36(JKY2 钻孔)倍开采高度。高出约 4 倍开采高度主要是由 2 种原因导致的:其一,仅存在微小裂隙在采动过程中损伤岩石,其渗透系数的增加量可能很小,可能被忽视或者不能被传统方法所识别,特别是在富含具有膨胀性的黏

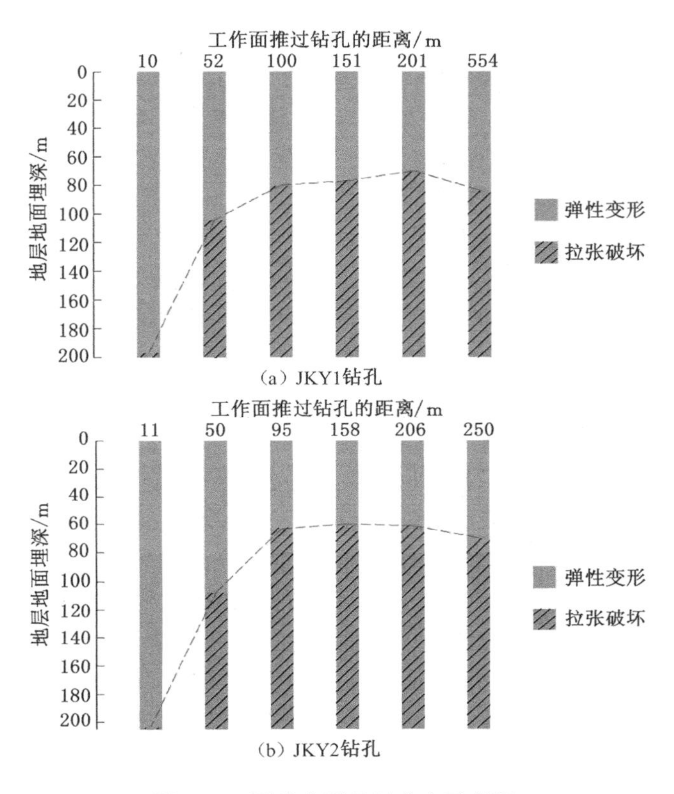

图 3-33 覆岩变形破坏分布示意图

土矿物质的土层与风化带中。更重要的是，传统的测试均在开采之后至少 2 个月后进行，在应力恢复条件下部分导水裂缝已经闭合，导致测得的结果要比最大高度小。相对于传统方法，分布式光纤监测技术不仅能够获得更为精确的破坏区范围，还能掌握破坏高度的动态变化。对于水资源匮乏的区域，准确地获得煤层采动过程中的采动破坏的动态高度，特别是最大高度，对采动过程中的潜水资源评价具有重要意义。高出的数值中一部分是最大高度与稳定高度的差值，另一部分是下文提出的非贯通裂缝带的高度。

3.3 本章小结

综合利用钻孔冲洗液消耗量观测、岩芯工程地质编录、电视测井及地球物理测井多种方法，对采动覆岩导水裂缝的稳定高度进行了探查与综合分析确定。此外，在分析常用分布式光纤感测技术特点与适用性的基础上，考虑实际监测要求，基于 BOTDR 技术对采动过程中覆岩变形破坏进行了分布式动态监测。

(1) 煤层采动过程中覆岩破坏高度为一动态过程，可分为发育（阶段增大）—最大（略有减小）—稳定 3 个阶段。传统探测仅能测得最后阶段的稳定高度，而最大高度对涌水量预计及潜水漏失评价具有重要意义。

(2) 为了准确探测导水裂缝带稳定发育高度，在工作面回风顺槽外侧150 m处布置了背景钻孔 JT1。对比 JT1 背景钻孔，分别利用钻孔冲洗液消耗量观测、岩芯工程地质编录、电视测井及地球物理测井结果对其他钻孔的“两带”高度进行了判定，在分析各方法探测结果存在的差异及可靠性的基础上，综合确定了各钻孔处垮落带与导水裂缝带的发育高度。

(3) 光缆与围岩变形的一致性是利用光缆监测覆岩变形、破坏的基础。为了评价其一致性，对光缆与充填物、充填物与围岩的变形一致性分别进行了试验研究。基于不同加载等级下光纤监测应变与充填物理论计算应变值的对比分析结果以及充填物与围岩的强度与应变的差异分析结果，得到光缆的变形与围岩的变形一致性较好，围岩的变形与破坏可以利用光缆的变形进行分析。

(4) 利用分布式光纤监测技术，使用 MKS、GFRS、10 m-IFS 应变感测光缆对覆岩变形与破坏进行实时监测。在测试过程中，GFRS 应变感测光缆发生多次破断，测试范围逐渐减小。10 m-IFS 应变感测光缆容易忽视局部重要变形信息。基于强度与测试精度分析，MKS 应变感测光缆优于 GFRS、10 m-IFS 应变感测光缆，能够完成煤层采动覆岩变形破坏监测任务。

(5) 当工作面接近或通过传感光缆时，下部覆岩出现正应变；随着工作面的继续推进，应变曲线呈“台阶”状发展，应变数值增加且峰值位置逐渐向上移动。伴随采空区的形成，下部光纤的应变为负值且再次处于压缩状态。整体上覆岩应力状态变化过程可分为两部分，上部分覆岩为压缩—拉伸过程，下部分覆岩为压缩—拉伸—压缩过程，能够在采动过程中反映覆岩垂向变形特征。岩石的竖向压缩量与杨氏模量及岩石的坚硬程度呈反比关系。采动过程中，煤层上覆岩层主要产生拉张破坏。在工作面推过监测位置约 200 m 处，破坏区高度达到最大值，约为稳定高度的 1.1 倍。光纤监测能够准确获得导水裂缝带动态发育高度。

4 采动覆岩变形破坏特征及演化规律

4.1 采动覆岩变形破坏的空间结构特征

4.1.1 采动覆岩变形破坏的垂向分带性

(1) 传统的分带方法

采用垮落法顶板管理方法开采煤层后,采空区顶板岩层失去下部煤体的支撑,在顶板岩层的自重应力与上覆岩层的压力共同作用下发生弯曲与移动,产生横向的拉应力,采空区边缘受煤壁支撑产生剪切应力,当所受应力超过岩石的极限强度时,顶板岩层会断裂、破坏甚至垮落。随着采煤工作面逐步向前推进,工作面所到之处,上覆岩层必然经历移动、变形与破坏一系列过程。经过长期观测与证实,采动覆岩在垂向上的移动变形破坏与渗透性变异特征具有明显的分带性,传统上将其自下而上依次分为垮落带、裂缝带、弯曲下沉带和地表下行裂缝带(以下简称“四带”),见图 4-1。垮落带与裂缝带合称为导水裂缝带,是上覆水体进入工作面的主要通道。

① 垮落带。垮落带位于 4 个传统分带的最下部。煤层开采后,直接顶板岩层被破坏,大小不一的岩块不规则地落入采空区内,从而形成紧贴煤层的垮落带。垮落带内的岩石不仅失去原有的层状结构而且彼此之间不连续。其高度一般是煤层开采高度的 2～8 倍,主要受直接顶板岩层的物理力学性质与煤层开采工艺的影响。岩体破碎重新排列后具有一定的碎胀性,垮落后岩体的体积增大。垮落带内岩层的基本特征主要表现为不规则性、碎胀性和低密实性。

② 裂缝带。裂缝带位于垮落带与弯曲下沉带之间。随着下部岩层的破坏与垮落,岩层(组)之间发生离层现象,被(近)垂直与水平裂隙切割为块体。垂直方向上每一岩层(组)内相邻岩石块体之间存在部分或者全部接触,保持岩层原有层次。裂缝带下部岩体裂隙较为发育,连通性强,自下而上裂隙的发育程度与连通性逐渐减弱,渗透性亦是如此。裂缝带与垮落带组成导水裂缝带,是地下水

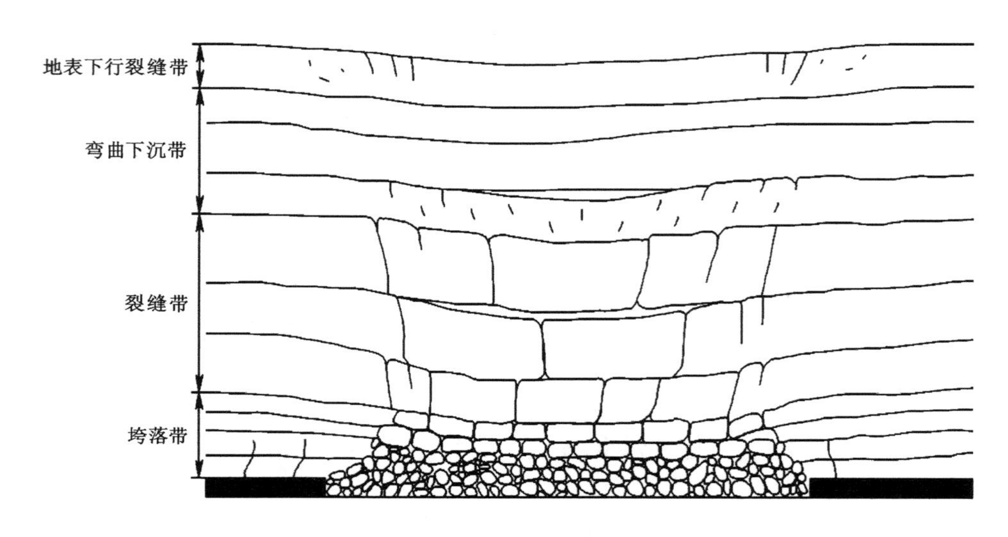

图 4-1　长壁开采覆岩运动的传统分带示意图

进入采空区的主要通道。一般来说，坚硬岩石中裂缝带高度最大，中硬岩石次之，软弱岩石最小。中国西部侏罗系煤层开采过程中导水裂缝带高度可达到采高的 20～30 倍，甚至更高，明显高于东部石炭二叠系煤层。随着煤层开采高度的增加，通常裂缝带与采高的比值会越来越小。此外，其发育高度还受煤层顶板管理方法、煤层倾角、地质构造、覆岩结构、工作面尺寸等因素的影响。

③ 弯曲下沉带。弯曲下沉带指裂缝带上部直至地表下行裂缝带底部的那部分岩层。采动过程中，弯曲下沉带内岩层的移动具有明显的整体性与连续性。垂向上，岩层的下沉量差异较小且很少出现离层现象，但在底部由于岩石强度的差异同样会产生离层。离层空间仅部分积水，积水空间受含水层水文地质参数及下沉量的差异共同决定，一般不与裂缝带连通。

④ 地表下行裂缝带。地表下行裂缝带位于四带中的最上部，是从原“三带”模型中弯曲变形带分离出来的。下行裂隙主要分布在工作面开采区域边缘，是受拉张作用产生的张性裂隙，随着工作面开采，下行裂隙沿推进方向周期性发育。受地表岩土层性质（岩性、力学性质、厚度）与煤层开采条件（开采高度、开采深度、开采速度、开采方法）差异的影响，其高度变化范围较大，但一般不大于 10 m。

(2) 非贯通裂缝带的提出及其高度的确定

采动覆岩裂隙在垂向上是逐渐变化的，但在以往矿井防治水工作研究中，大多将覆岩分为上述的四带或者三带（不含地表下行裂缝带）并将垮落带与裂缝带视为导水部分，弯曲下沉带视为隔水或不导水部分。笔者认为，在其中间还应该存在一个中间过渡带，即非贯通裂缝带，如图 4-2 所示。该带由开采实践反映的问题提出，并被现场勘查结果证实。

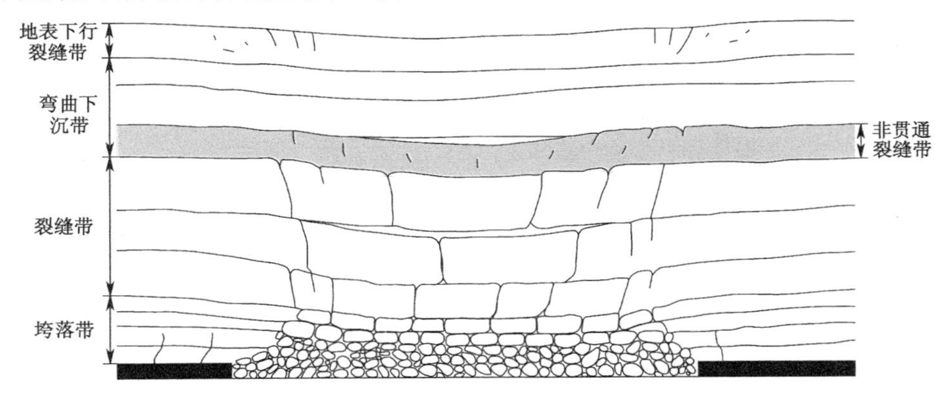

图 4-2 修订的长壁开采覆岩运动的分带示意图（含非贯通裂缝带）

金鸡滩煤矿 103 工作面开采过程中的水量达 520 m^3/h，明显大于解析法预计结果 200 m^3/h，根据 101 工作面的探查结果，导水裂缝带顶部与风化基岩含水层底界的距离超过 30 m。但水质分析结果表明，近一半涌水水源为风化基岩水。这说明导水裂缝带与风化基岩底界之间的保护层厚度不足，经分析筛选，导致这一结果最可能的原因是实际导水裂缝带发育高度较预计涌水量采用的数值大。

总结东部矿区多年的三带钻孔探查结果，可将导水裂缝观测孔的简易水文观测曲线分为突变型、渐变型与波变型 3 种类型。而据本次观测结果（图 4-3）及文献中陕北地区的观测结果可知，绝大部分的水文观测曲线属于波变型。而在冲洗液消耗波动范围内，孔内水位并无明显的下降，直至波动范围的底部或超过底界，随后，钻孔水位才发生明显的下降。根据导水裂缝带顶界的判定准则（表 4-1），波动范围不应属于导水裂缝带范畴。但现场钻孔压水试验结果（图 4-3）表明，波动段岩体的渗透性明显好于原岩的渗透性，这一现象证明了非贯通裂缝带的存在，且说明该裂隙具有一定的导水能力，在实际工作中，特别是在非贯通裂缝带范围内或者周边存在含水层时，应给予重视。

此外，根据岩石应力-应变试验过程中岩石内部裂隙的动态发育规律（图 4-4）可知，岩体在受力状态下存在非贯通裂隙发育这一状态。由图 4-4 可以看出，非贯通裂缝带主要是覆岩产生塑性变形破坏的结果，其渗透性较原岩有明显增加。

综上所述，采动覆岩中非贯通裂缝带的提出具有理论意义与实际运用价值，

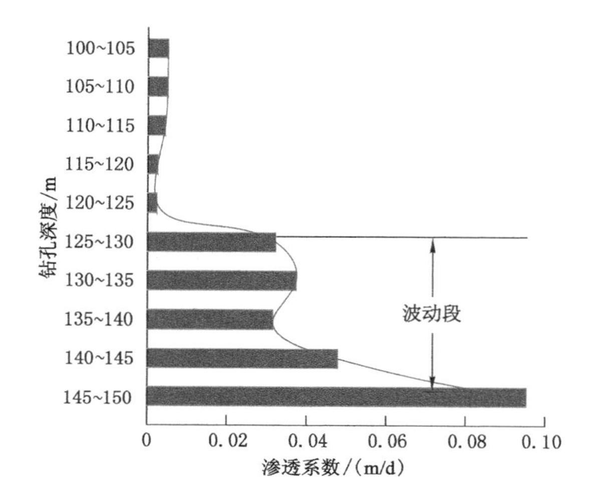

图 4-3　现场钻孔压水试验结果

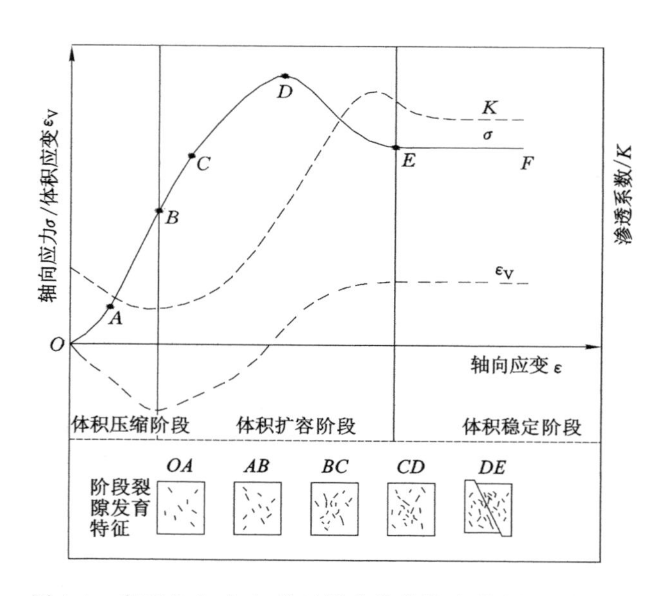

图 4-4　岩石应力-应变-渗透性变化曲线及裂隙的发育特征

且其存在被实际开采水量、现场勘探与室内试验结果所证实。伴随该带的提出，将采动覆岩自下而上分为 5 个区域，即垮落带、贯通裂缝带、非贯通裂缝带、弯曲下沉带与地表下行裂缝带。对非贯通裂缝带定义如下：非贯通裂缝带是岩层内部发育大量裂隙但彼此不贯通或很少贯通，整体保持原有的层状结构，变形与移动具有相似连续性的那部分岩层，且其渗透性较原岩有明显增加。

根据钻孔冲洗液漏失量变化特征与钻孔压水试验分析结果，建议将钻孔冲洗液漏失量开始波动，孔内水位无明显下降且渗透性级别至少增加一个等级(表 4-1)的起点作为广义导水裂缝带的顶界位置。根据该方法，对 101 工作面的探查钻孔处非贯通裂缝带的高度进行了确定，具体如表 4-2 所列。

表 4-1 岩土渗透性分级

渗透性等级	标准	
	渗透系数 $K/(\text{cm/s})$	透水率 q/Lu
极微透水	$K<10^{-6}$	$q<0.1$
微透水	$10^{-6}\leqslant K<10^{-5}$	$0.1\leqslant q<1$
弱透水	$10^{-5}\leqslant K<10^{-4}$	$1\leqslant q<10$
中等透水	$10^{-4}\leqslant K<10^{-2}$	$10\leqslant q<100$
强透水	$10^{-2}\leqslant K<1$	$q\geqslant 100$
极强透水	$K\geqslant 1$	$q\geqslant 100$

表 4-2 101 工作面探查钻孔处非贯通裂缝带位置及其高度

钻孔编号	JSD1	JSD2	JSD3	JT1	JT2	JT3	JT4	JT5	JT6
非贯通裂缝带顶界埋深/m	192.89	130.51	168.94			167.10	126.03	124.55	132.49
非贯通裂缝带高度/m	11.55	22.55	14.06			14.42	20.05	20.10	19.32

4.1.2 裂缝带高度空间展布特征

根据 101 工作面原位钻孔探查结果与分析，分别绘制了沿工作面倾向与走向的覆岩裂缝带发育高度剖面图，如图 4-5 所示。由图可知，垮落带发育高度较为稳定，与工作面空间位置的关系较小；导水裂缝带与非贯通裂缝带的发育高度变化范围较大，与工作面空间位置密切相关。

由图 4-5(a)可知，垮落带高度较为稳定，为 4.07～4.21 倍采高，与以往的经验值基本相近。沿工作面倾向垮落带的高度变化不大，但靠近巷道煤壁附近垮落带高度略小于工作面中心位置的垮落带高度。分析其原因是在煤层开采到一定距离时上覆煤层直接顶会形成以巷道处煤壁为后拱脚的结构，在此拱的大结构保护下，使垮落岩石快速碎胀得到支撑，阻止了垮落带继续向上发育。导水裂缝带与非贯通裂缝带边界轮廓均由工作面巷道煤壁向内侧延伸，空间形态近似呈“拱形”，而非以往所认为的“马鞍形”。

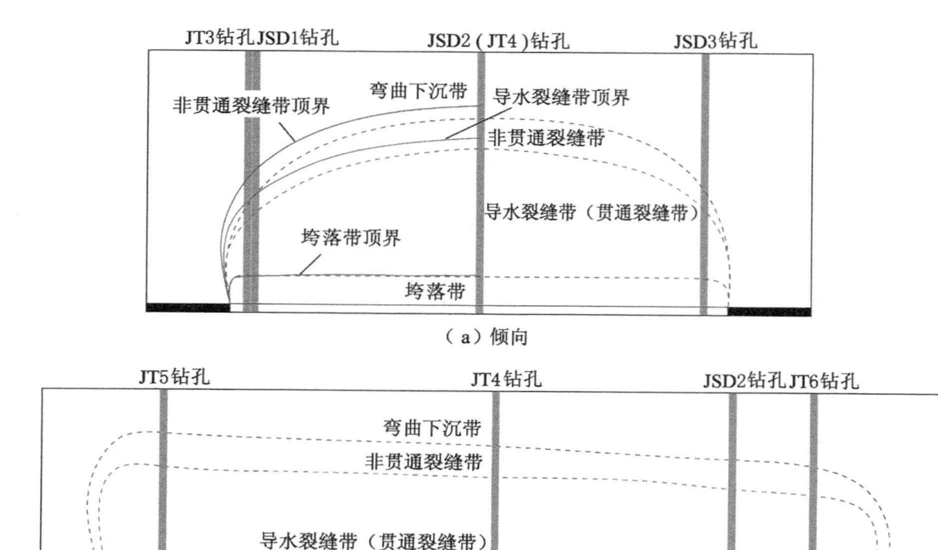

（a）倾向

（b）走向

图 4-5　采动覆岩结构及其空间展布特征示意图

由图 4-5(b)可知，在沿工作面推进方向的轴线剖面上，导水裂缝带高度最大值位于停采线附近，并且是沿工作面推进方向逐渐增大，在工作面上方变化幅度较小，最大值与最小值相差 5.45 m。

综上所述，非贯通裂缝带的高度与空间位置有密切关系，在工作面两侧巷道位置不发育，越靠近工作面轴线位置发育高度越大，且近似呈轴对称分布；沿工作面的推进方向非贯通裂缝带的高度有逐渐增大的趋势，在开切眼与停采线两侧位置不发育，其空间形态与导水裂缝带(贯通裂缝带)的空间形态相似。此外，非贯通裂缝带高度与导水裂缝带高度明显相关。对比分析表 4-2 与表 3-6 可知，非贯通裂缝带的高度为导水裂缝带高度的 0.18～0.21 倍，平均约为0.20倍。

4.2　覆岩导水裂缝带动态高度理论分析

4.2.1　关键层理论分析

钱鸣高院士对关键层进行如下定义：在采场覆岩的多个岩层中对岩体活动全部或局部起控制作用的岩层称为关键层。本节利用关键层理论对采动过程中覆岩导水裂缝带发育高度进行分析，分析过程分为关键层位置确定、软岩受力弯曲的水平变形计算、极限跨距计算、自由空间高度确定、岩层破断的判断与导水裂缝带高度计算 5 个步骤。以金鸡滩煤矿 108 工作面为地质原型，结合实际开采情况对煤层开采过程中覆岩导水裂缝带的发育高度进行研究。

(1) 确定关键层的位置

岩石的性质和结构对覆岩运动有很大影响，被称为“关键层”的厚而坚硬的岩层在控制覆岩运动中发挥重要作用。假设采空区上覆岩层存在如图 4-6 所示的 n 层岩层，每一层岩层的厚度和密度分别为 h_i 与 γ_i，其中 $i=1,2,3,\cdots,n$。

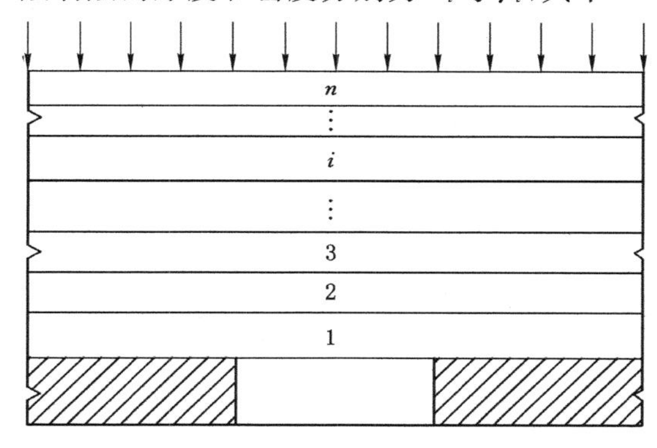

图 4-6 煤层覆岩力学假设模型

如果覆岩从第 1 层到第 n 层的岩层均是由第 1 层岩层控制且变形是同步一致的，那么上覆岩层可视为一个组合梁。根据组合梁理论，组合梁截面产生的剪切应力 Q 和弯矩 M 将由各个岩层共同分担，即存在：

$$Q = Q_1 + Q_2 + Q_3 + \cdots + Q_n \tag{4-1}$$

$$M = M_1 + M_2 + M_3 + \cdots + M_n \tag{4-2}$$

不同性质的岩梁在相同作用力下发生弯曲的曲率 k_i 具有一定差异，其差异大小受岩层厚度 m_i、弹性模量 E_i 与惯性矩 J_i 控制：

$$k_i = \frac{m_i}{E_i J_i} \tag{4-3}$$

对于组合梁的同步变形，将重新分配梁中产生的弯矩，所以有：

$$\frac{m_1}{E_1 J_1} = \frac{m_2}{E_2 J_2} = \frac{m_3}{E_3 J_3} = \cdots = \frac{m_n}{E_n J_n} \tag{4-4}$$

$$\frac{m_1}{m_2} = \frac{E_1 J_1}{E_2 J_2}, \frac{m_1}{m_3} = \frac{E_1 J_1}{E_3 J_3}, \frac{m_1}{m_4} = \frac{E_1 J_1}{E_4 J_4}, \cdots, \frac{m_1}{m_n} = \frac{E_1 J_1}{E_n J_n} \tag{4-5}$$

联立式(4-2)、式(4-4)、式(4-5)可得：

$$m = m_1\left(1 + \frac{E_2J_2 + E_3J_3 + E_4J_4 + \cdots + E_nJ_n}{E_1J_1}\right) \tag{4-6}$$

将等式(4-6)两边同时除以上式中括号内的内容,进而得到:

$$m_1 = \frac{E_1J_1m}{E_1J_1 + E_2J_2 + E_3J_3 + \cdots + E_nJ_n} \tag{4-7}$$

由于存在等式(4-8):

$$Q = \frac{\mathrm{d}m}{\mathrm{d}x} \tag{4-8}$$

则有:

$$Q_1 = \frac{E_1J_1Q}{E_1J_1 + E_2J_2 + E_3J_3 + \cdots + E_nJ_n} \tag{4-9}$$

关键层上的荷载 q 可通过剪切应力 Q 求得,计算公式如下:

$$q = \frac{\mathrm{d}Q}{\mathrm{d}x} \tag{4-10}$$

因此,我们可以得到:

$$q_1 = \frac{E_1J_1q}{E_1J_1 + E_2J_2 + E_3J_3 + \cdots + E_nJ_n} \tag{4-11}$$

式(4-11)中有:

$$q = \gamma_1h_1 + \gamma_2h_2 + \gamma_3h_3 + \cdots + \gamma_nh_n \tag{4-12}$$

$$J_i = \frac{lh_i^3}{12} \tag{4-13}$$

式中 l——岩梁的宽度,m。

上覆岩层作用于第 1 层岩层的总荷载可以表达为:

$$q_1 = \frac{E_1h_1^3(\gamma_1h_1 + \gamma_2h_2 + \gamma_3h_3 + \cdots + \gamma_nh_n)}{E_1h_1^3 + E_2h_2^3 + E_3h_3^3 + \cdots + E_nh_n^3} \tag{4-14}$$

类似地,可以计算其他岩层上总荷载的大小。

岩层破断实质上是在弹性基础上的板的破断问题,在关键层理论中将其简化为两端固支梁模型来计算岩层的极限破断距离,如图 4-7 所示,则第 i 层岩层的破断距离 L_i 可以利用以下公式计算得到:

$$L_i = h_i\sqrt{\frac{2R_\mathrm{T}^i}{q_i}} \tag{4-15}$$

式中 R_T^i——第 i 层岩层的抗拉强度,MPa;

q_i——第 i 层岩层上覆岩层作用于该层的总荷载,MPa。

关键层控制范围内覆岩运动破坏与关键层同步。关键层下部岩层不承担作用于关键层的荷载。作为关键层必须满足以下 2 个条件:

① 荷载条件,可以表示为 $q_{n+1} < q_n$,q_n 与 q_{n+1} 分别为从第 1 层关键层到第 n、

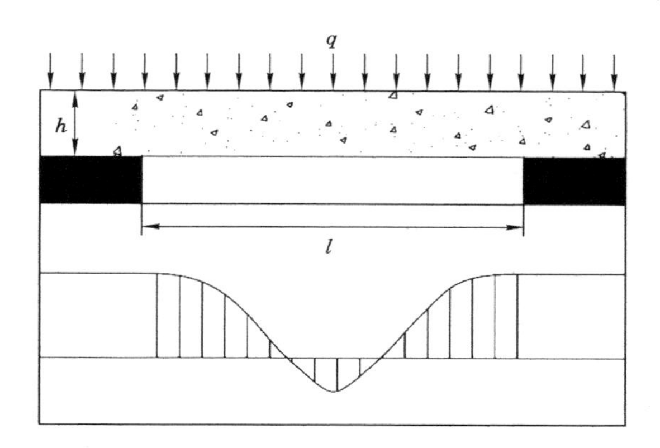

图 4-7　两端固支梁力学模型

$n+1$ 层岩层作用于第 1 层关键层的岩层总荷载。一般来说，从煤层顶板向上计算过程中覆岩可能有多层岩层满足以上负荷条件。

② 强度条件，可以表示为 $L_j<L_{j+1}$，其中 $j=1,2,3,\cdots,k$；这意味着第 j 层岩层的极限破断距离必须小于第 $j+1$ 层岩层。

根据以上 2 个条件和计算分析，最终可确定关键层的位置。

(2) 软弱岩层受力弯曲的水平变形计算

由于软弱岩层抗拉强度较差，但具有较强的抗变形能力，因此其破断与否应利用其水平拉伸的变形量进行判定，由于裂缝带内的软弱岩层保持层状结构，故仍可沿用固支梁模型对其进行计算。

设软弱岩层受力弯曲时的挠度 ω 满足以下等式：

$$\omega=a_1\left(1+\cos\frac{2\pi x}{l}\right)+a_2\left(1+\cos\frac{6\pi x}{l}\right)+\cdots+a_n\left[1+\cos\frac{2(2n-1)\pi x}{l}\right] \tag{4-16}$$

且满足以下边界条件：

$$\omega\big|_{x=0}=0 \tag{4-17}$$

$$\omega\big|_{x=l}=0 \tag{4-18}$$

$$\left.\frac{\mathrm{d}\omega}{\mathrm{d}x}\right|_{x=0}=0 \tag{4-19}$$

$$\left.\frac{\mathrm{d}\omega}{\mathrm{d}x}\right|_{x=l}=0 \tag{4-20}$$

利用 Galerkin 方法可计算得到式(4-16)中 a_n 的表达式：

$$a_n=\frac{ql^4}{[2(2n-1)\pi]^3(2n-1)\pi EJ}(n=1,2,3,\cdots,+\infty) \tag{4-21}$$

计算可得最大挠度：

$$\omega_{\max} = \frac{5ql^4}{384EJ} \tag{4-22}$$

则公式(4-16)可表达为：

$$a_n = \sum \frac{ql^4}{[2(2n-1)\pi]^3(2n-1)\pi EJ}\left[1+\cos\frac{2(2n-1)\pi x}{l}\right] \tag{4-23}$$

则有：

$$\frac{1}{\rho} = \frac{\mathrm{d}\theta}{\mathrm{d}x} = \frac{\frac{\mathrm{d}\omega}{\mathrm{d}x}}{\mathrm{d}x} = -\sum \frac{6ql}{[(2n-1)\pi]^2 Eh^3}\cos\frac{2(2n-1)\pi x}{l} \tag{4-24}$$

固支梁发生弯曲产生的水平拉伸变形 ε 可利用下式计算：

$$\varepsilon = \frac{1}{\rho}y \tag{4-25}$$

式中　y——梁的横截面上任意一点距中性层的距离，m。

由式(4-24)可知，当 $\cos\frac{2(2n-1)\pi x}{l} = -1$ 时，岩层的 ε 最大，即

$$\varepsilon_{\max} = \frac{6qly}{\pi^2 Eh^3}\sum\frac{1}{(2n-1)^2}(n = 1,2,3,\cdots,+\infty) \tag{4-26}$$

当 $n \to +\infty$ 时，$\sum\frac{1}{(2n-1)^2} = \frac{\pi^2}{8}$，且有 $y = h/2$ 时水平拉伸变形最大，则有：

$$\varepsilon'_{\max} = \frac{3ql}{8Eh^2} \tag{4-27}$$

采动覆岩导水裂缝带发展到一定高度后，裂缝带范围内的软弱岩层会在一定程度上抑制裂缝的继续发育。由式(4-27)可知，软弱岩层发生弯曲时的水平拉伸变形量与岩梁的跨距成正比，与岩梁的厚度成反比。根据以往学者的研究成果，取软弱岩层的临界水平拉伸变形值为 1.0 mm/m，将该值代入式(4-27)可得软弱岩层发生破断时的极限跨距 L_r：

$$L_r = \frac{Eh^2}{375q} \tag{4-28}$$

基于金鸡滩煤矿 108 工作面地层赋存情况与物理力学性质，对覆岩中关键层与软弱岩层的位置进行了确定，具体如表 4-3 所列。

表 4-3　覆岩性质及关键层、软弱岩层的判定

编号	岩性	层厚 /m	重度 /(kN/m³)	弹性模量 /MPa	抗拉强度 /kPa	是否为关键层	是否为软弱岩层
1	泥岩	2.50	22	13 800	630		
2	粉砂岩	7.32	23	17 700	870	亚关键层	

表 4-3(续)

编号	岩性	层厚/m	重度/(kN/m³)	弹性模量/MPa	抗拉强度/kPa	是否为关键层	是否为软弱岩层
3	细砂岩	6.87	22	49 600	1 090		
4	粉砂岩	16.56	23	32 000	1 290	亚关键层	
5	中砂岩	11.75	24	38 000	1 320		
6	粉砂岩	7.83	25	40 200	1 450		
7	中砂岩	10.47	24	38 000	1 300	亚关键层	
8	泥岩	4.97	24	23 000	1 000		软弱岩层
9	粗砂岩	7.03	24	33 000	1 300		
10	粉砂岩	7.10	23	32 000	1 080		
11	砂质泥岩	15.3	24	18 000	1 250		
12	粉砂岩	5.38	23	32 000	1 100		
13	中砂岩	6.72	24	38 000	1 380		
14	粉砂岩	6.07	23	25 000	1 020		
15	砂质泥岩	15.28	24	27 000	1 250	主关键层	
16	泥岩	3.35	24	23 000	980		软弱岩层
17	泥质粉砂岩	3.90	25	27 000	1 080		
18	中砂岩	4.72	24	32 000	1 200		
19	砂质泥岩	4.96	24	52 000	1 180		
20	粉砂岩	6.22	23	28 000	1 100		
21	中砂岩	9.84	24	30 000	1 290		
22	粉砂岩	4.41	23	31 000	1 130		
23	泥岩	3.12	24	22 000	980		软弱岩层
24	细砂岩	4.83	22	58 000	1 400		
25	泥岩	3.00	24	18 000	980		软弱岩层
26	中砂岩	6.23	24	30 000	1 180		
27	砂质泥岩	2.67	24	23 000	1 050		
28	黏土	16.90	20	500	50		软弱岩层
29	沙层	17.50	18	210	20		

(3) 跨距的确定

根据上述分析与推导,关键层的极限跨距 L_g 与软弱岩层的极限跨距 L_r 均被给出，那么煤层开采过程中关键层与软弱岩层破坏时的推进距离可分别表示为：

$$L_{g,j}=\sum_{i=1}^{m}h_i\cot\varphi_q+L_g+\sum_{i=1}^{m}h_i\cot\varphi_h \tag{4-29}$$

$$L_{r,j}=H_j\cot\varphi_q+L_r+H_j\cot\varphi_h \tag{4-30}$$

式中 $L_{g,j}$——第 j 层关键层破断时工作面推进距离，m；

$L_{r,j}$——第 j 层软弱岩层破断时工作面推进距离，m；

m——煤层顶板至第 j 层关键层下部的所有岩层数；

h_i——第 i 层岩层的厚度，m；

φ_q,φ_h——岩层破断的前、后方断裂角，根据研究区实测数据与相似材料模拟结果，均取 60°；

H_j——第 j 层软弱岩层底部至开采煤层顶板的距离，m。

根据式(4-29)与式(4-30)可确定覆岩中各关键层与软弱岩层破坏时对应的工作面推进距离。

(4) 计算自由空间高度

煤层采出后会留下一部分空间，该空间初始高度为煤层的开采高度 M，这一空间为上覆岩层的破坏提供便利，随着煤层的继续开挖，顶板岩层产生变形、破坏并向下移动甚至垮落。由于裂隙的存在以及原始应力的解除，垮落带及裂缝带内的岩石具有一定的碎胀性，使得自由空间的高度逐渐减小，直至其高度不足以让上覆岩层(组)发生破坏，裂缝带高度趋于稳定，不再继续向上发育。

随着下伏岩层逐渐发生移动与破坏，留给上覆岩层破坏的自由空间的高度可由下式计算得到：

$$\Delta_i=M-\sum_{j=1}^{i-1}h_j(k_j-1) \tag{4-31}$$

式中 Δ_i——第 i 层岩层下部自由空间的高度，m；

M——开采煤层的采高，m；

h_j——第 j 层岩层的厚度 m；

k_j——第 j 层岩石的残余碎胀系数。

岩石碎胀系数是裂隙岩石的体积与该岩石在完整状态下体积的比值，其值恒大于 1。一般来讲，垮落带内岩层的碎胀系数要大于裂缝带内的岩层，但随着上覆岩层的垮落、应力状态的恢复，其最终与裂缝带内岩层的碎胀系数相近，故本书选取碎胀系数时只考虑岩性的影响。一般来讲，坚硬岩石碎胀系数较大，而软弱岩石的碎胀系数相对较小，具体如表 4-4 所列。

表 4-4 不同岩性岩石的碎胀系数

岩石岩性	岩石的碎胀系数	
	初始值	残余值
沙子	1.05～1.15	1.01～1.03
黏土	<1.20	1.01～1.07
煤层	<1.20	1.05 左右
泥质页岩	1.40 左右	1.10 左右
砂质页岩	1.60～1.80	1.10～1.15
硬砂岩	1.50～1.80	
软弱岩石		1.02 左右
中硬岩石		1.03 左右
硬岩石		1.03 左右

(5) 岩层破断的判断与导水裂缝带高度计算

上覆岩层的赋存条件与开采强度是覆岩导水裂缝带发育高度的主要控制因素。随着工作面逐步向前推进，坚硬岩层大多沿着层面的方向发生断裂，而软弱岩层大多发生塑性破坏。根据关键层的强度与软弱岩层的抗变形能力可以得到各自的极限垮落距离，通过分析主要岩层发生破坏的极限跨距与岩层下部自由空间的高度变化，可以建立工作面推进距离与覆岩导水裂缝带发育高度的关系。导水裂缝带高度的计算遵从以下原则：

① 第 j 层关键层悬露距离小于其极限跨距时，该关键层不会发生破断，关键层上部的岩层亦不会发生破坏，此时覆岩导水裂缝带不再继续向上发育，直至岩层的悬露距离超过其极限跨距；

② 如果第 j 层关键层的悬露距离大于其极限跨距，但该层下部的自由空间高度小于或等于零时，该关键层仍不会发生破断，导水裂缝带将终止发育，此时导水裂缝带的高度即工作面导水裂缝带的最大值；

③ 第 i 层软岩的水平拉伸应变值小于其极限应变值时，该软弱岩层不会发生破断，此时导水裂缝带不再继续向上发育，直至拉伸应变值超过其极限应变值；

④ 如果软弱岩层的水平拉伸应变值大于其极限拉伸应变值，但下部的自由空间高度小于该层的最大挠度时，该关键层仍不会发生破断，导水裂缝带将终止发育，此时导水裂缝带的高度即工作面导水裂缝带的最大值。

煤层的开采高度为 7.5 m，根据表 4-4 的经验值，自下而上分别对各岩层下部的自由空间高度和与煤层顶板间距进行了计算，计算结果如表 4-5 所列。

表 4-5　基于关键层理论的覆岩破坏过程计算结果

编号	岩性	残余碎胀系数	自由空间高度/m	与煤层顶板间距/m	是否破断(Y/N)	工作面推进距离/m
1	泥岩	1.02	7.500	2.50	Y	14.85
2	粉砂岩	1.05	7.450	9.82	Y	26.42
3	细砂岩	1.05	7.084	16.69	Y	26.42
4	粉砂岩	1.05	6.741	33.25	Y	62.36
5	中砂岩	1.04	5.913	45.00	Y	62.36
6	粉砂岩	1.05	5.442	52.83	Y	62.36
7	中砂岩	1.04	5.051	63.30	Y	91.79
8	泥岩	1.02	4.632	68.27	Y	219.31
9	粗砂岩	1.04	4.533	75.30	Y	219.31
10	粉砂岩	1.05	4.252	82.40	Y	219.31
11	砂质泥岩	1.03	3.897	97.70	Y	219.31
12	粉砂岩	1.05	3.438	103.08	Y	219.31
13	中砂岩	1.04	3.169	109.80	Y	219.31
14	粉砂岩	1.05	2.900	115.87	Y	219.31
15	砂质泥岩	1.03	2.596	131.15	Y	219.31 (173.61)
16	泥岩	1.02	2.138	134.50	N	
17	泥质粉砂岩	1.03	2.071	138.40	N	

由表 4-5 可知，导水裂缝带终止于距离煤层顶板 131.15 m 处的砂质泥岩，即导水裂缝带发育高度最终稳定在 131.15 m。导水裂缝带发育动态过程如下：当工作面推进距离达到 14.85 m 时，煤层上覆第 1 层岩层（泥岩）发生破断，随着工作面的继续推进，采动裂隙逐步向上发育。当工作面推进距离达到 26.42 m 时，编号 2 粉砂岩发生断裂破断，导水裂缝带发育至编号 4 粉砂岩底界，导水裂缝带高度为 9.82 m；随着工作面的继续推进，覆岩未发生破断，直至工作面推进距离达到 62.36 m 时，编号 4 粉砂岩发生断裂破断，导水裂缝带高度发育至编号 7 中砂岩底界，高度为 52.83 m；当工作面推进距离达 91.79 m 时，编号 7 中砂岩发生破断，导水裂缝带发育至编号 8 泥岩底界，高度为 68.27 m；当工作面推进至 219.31 m 时，编号 8 泥岩发生断裂破断，编号 15 的砂质泥岩在此之前 176.31 m 处已发生断裂破断，导水裂缝带高度发育至编号 16 泥岩底界，即 131.15 m；当工作面继续推进时，此时编号 16 泥岩为阻碍导水裂缝带继续发育

的软弱岩层。当 q=1 440.86 kN/m^{2}时，由公式(4-28)计算的编号 16 泥岩的极限跨距为 176.65 m，由公式(4-22)计算的编号 16 泥岩极限挠度为 2.29 m，而此时自由空间高度小于 2.29 m，意味着导水裂缝带不能穿透编号 16 软弱岩层。此后随着工作面的继续推进，导水裂缝带不再继续向上发育，即此时达到导水裂缝带的最大高度 131.15 m。裂缝带发育动态过程如图 4-8 所示。

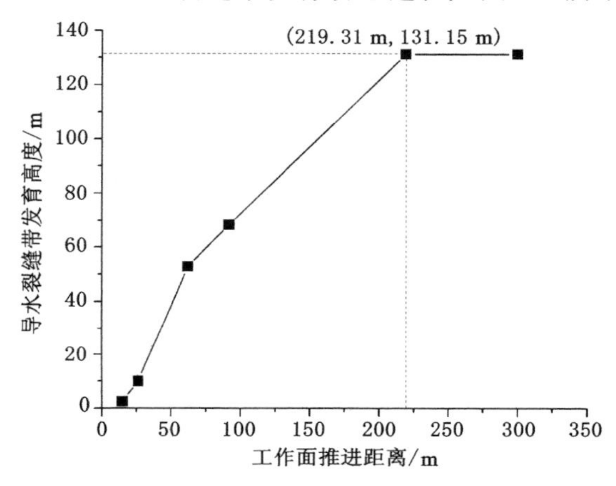

图 4-8　基于关键层理论的导水裂缝带发育动态过程

4.2.2　基于压力拱效应的薄板理论分析

(1) 适用性分析

当板的厚度远小于板的长度与宽度时，可将其视为薄板进行计算分析。若计算精度的要求一般，那么保证板的厚度 h 与宽度 b 的比值小于等于 1/5 即可。以金鸡滩煤矿 108 工作面为例，工作面宽度为 300 m，走向长 5 616 m，周期来压步距平均为 28.7 m，覆岩平均厚度为 5 m，即其厚度与宽度的比值满足上述条件，可以利用薄板理论建立采动过程中覆岩行为的四边固支薄板力学模型。

初次来压之前，顶板下沉量与岩层厚度比值很小，可应用弹性薄板小挠度弯曲理论求解顶板力学模型，并做如下假设：① 平行于岩板中面的各层互不挤压；② 岩板中面内无伸缩和剪切变形，变形前垂直于中面的直线段，在变形后仍为直线段，并垂直于变形后的岩板中面，且直线段的长度不变。

(2) 压力拱效应

按照导水裂缝带内岩层变形破坏的成因，一般可将导水裂缝带分成以拉张破坏为主和以剪切破坏为主的 2 个区域，如图 4-9 所示。根据该图和前文的分析可知，研究区导水裂缝带在工作面走向方向的断面图上大致呈"拱形"，即剪切破坏区不发育，这意味着导水裂缝带的高度可近似看作拉张破坏区的高度；拉张破坏区大体是以前后两条破裂线为腰的梯形。

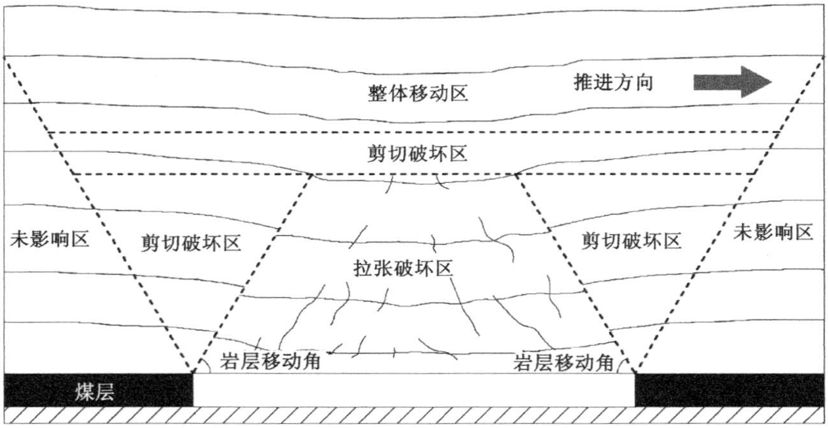

图 4-9　覆岩破坏区性质及分布特征

考虑压力拱效应,认为下部岩层所承受的上覆岩层传递下的荷载并不等于上覆岩层的自重。因此建立模型前,应首先确定拉张破坏区内岩层的受载情况。

根据前人对平衡拱的假设,结合采场的条件,需进行以下假设:① 岩体由于节理的切割,经煤层开挖后形成松散岩体,但岩体之间仍具有力的作用;② 采场上覆顶板空间结构在受力的控制上,遵循短边控制长边的原则;③ 作用在采场顶部的围岩压力是平衡拱内岩石的自重。

沿着工作面推进方向覆岩破坏断面图如图 4-10 所示。由图可知,沿着工作面推进方向,煤层上方第一层岩层 S_1 为主要承载岩层,发育的平衡拱形态如拱 1 所示;随着工作面继续推进,岩层 S_1 发生断裂垮落,失去承载能力,平衡拱 1 不

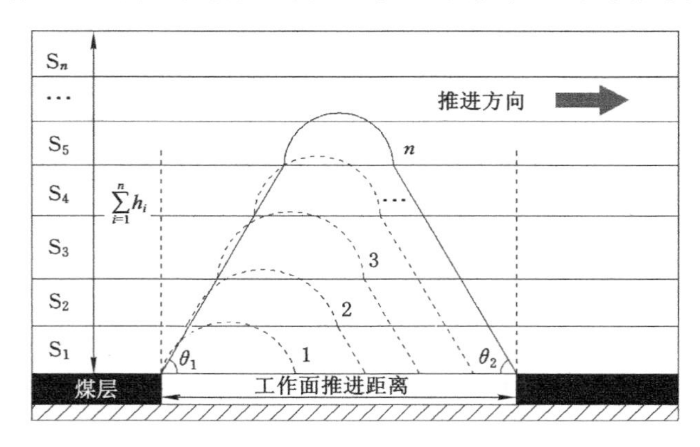

图 4-10　沿着工作面推进方向覆岩破坏断面图

再继续向上发育，而此时岩层 S_2 为主要承载岩层，S_2 岩层内的平衡拱 2 得以发育；如此，随着工作面不断推进，岩层依次断裂，平衡拱不断上移，最终到达充分采动时，岩层停止向上断裂，平衡拱也就停止上移。同理，工作面倾向方向平衡拱发育情况亦是如此，如图 4-11 所示。

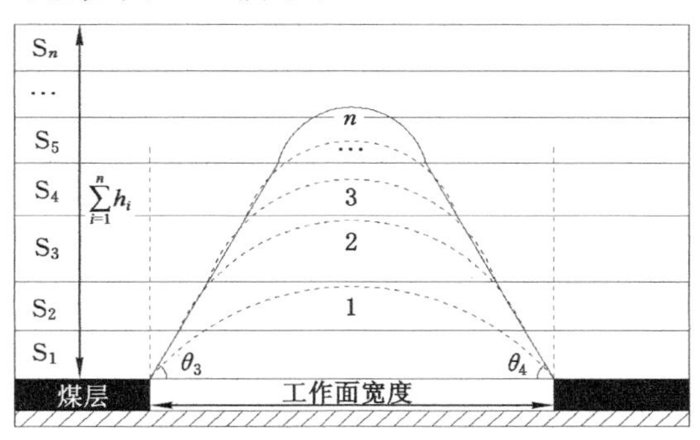

图 4-11　沿着工作面倾向方向覆岩破坏断面图

(3) 基本微分方程的建立

将薄板力学模型放入笛卡尔坐标系中，薄板的长度、宽度、厚度分别为 a、b、h，分别位于 x、y、z 坐标轴上，如图 4-12 所示。首先建立各变形应变参量与薄板弯曲变形时的挠度 $\omega(x,y)$ 的关系式，然后以薄板挠度 $\omega(x,y)$ 为基本未知量，并利用力的平衡方程得到薄板弯曲微分方程。

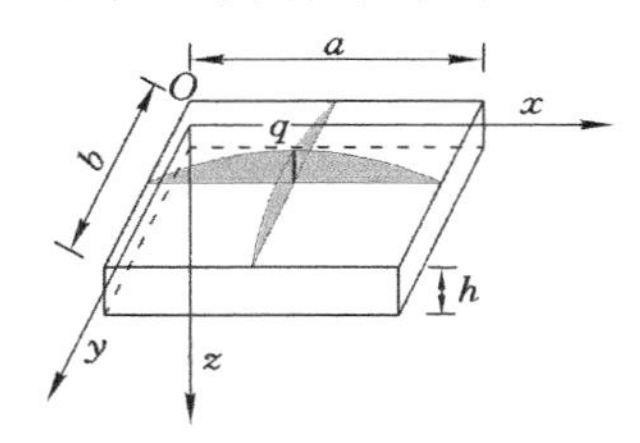

图 4-12　笛卡尔坐标系中的薄板力学模型

在前文基本假设的基础上，可以得出：

$$u=-z\frac{\partial \omega}{\partial x},v=-z\frac{\partial \omega}{\partial y} \tag{4-32}$$

式中　u——薄板沿 x 方向上的位移，m；

　　　v——薄板沿 y 方向上的位移，m。

从而可以得到薄板内部各点的应变分量：

$$\varepsilon_x=\frac{\partial u}{\partial x}=-z\frac{\partial^2 \omega}{\partial x^2} \tag{4-33}$$

$$\varepsilon_y = \frac{\partial v}{\partial y} = -z\frac{\partial^2 \omega}{\partial y^2} \tag{4-34}$$

$$\gamma_{x,y} = \frac{\partial u}{\partial x} + \frac{\partial v}{\partial y} = -2z\frac{\partial^2 \omega}{\partial x + \partial y} \tag{4-35}$$

基于 Hooke 定律，可得到薄板内部各点应力的分量：

$$\sigma_x = -\frac{Ez}{1-v^2}\left(\frac{\partial^2 \omega}{\partial x^2} + v\frac{\partial^2 \omega}{\partial y^2}\right) \tag{4-36}$$

$$\sigma_y = -\frac{Ez}{1-v^2}\left(\frac{\partial^2 \omega}{\partial y^2} + v\frac{\partial^2 \omega}{\partial x^2}\right) \tag{4-37}$$

$$\tau_{x,y} = -\frac{Ez}{1+v}\frac{\partial^2 \omega}{\partial x \partial y} \tag{4-38}$$

根据式(4-36)～式(4-38)可得到薄板内部各点的弯矩和扭矩：

$$M_x = -\int_{-\frac{h}{2}}^{\frac{h}{2}} \sigma_x z\,\mathrm{d}z = -D\left(\frac{\partial^2 \omega}{\partial x^2} + v\frac{\partial^2 \omega}{\partial y^2}\right) \tag{4-39}$$

$$M_y = -\int_{-\frac{h}{2}}^{\frac{h}{2}} \sigma_y z\,\mathrm{d}z = -D\left(\frac{\partial^2 \omega}{\partial y^2} + v\frac{\partial^2 \omega}{\partial x^2}\right) \tag{4-40}$$

$$M_{x,y} = -\int_{-\frac{h}{2}}^{\frac{h}{2}} \tau_{x,y} z\,\mathrm{d}z = -D(1-v)\frac{\partial^2 \omega}{\partial x \partial y} \tag{4-41}$$

式中　D——薄板的抗弯强度，MPa；其值可利用式(4-42)计算得到：

$$D = \frac{Eh^3}{12(1-v^2)} \tag{4-42}$$

假设作用在薄板上任一点处剪切力的大小为 Q_x 与 Q_y，那么根据力的平衡方程有：

$$\frac{\partial Q_x}{\partial x} + \frac{\partial Q_y}{\partial y} + q(x,y) = 0 \tag{4-43}$$

$$Q_y - \frac{\partial M_{x,y}}{\partial x} - \frac{\partial M_y}{\partial y} = 0 \tag{4-44}$$

$$Q_x - \frac{\partial M_{x,y}}{\partial y} - \frac{\partial M_x}{\partial x} = 0 \tag{4-45}$$

由图 4-12 可知，平衡拱的空间形态大致呈“壳形”，以薄板岩层沿工作面走向和倾向分别作 x、y 坐标轴，利用 Fourier series 拟合得到岩层所受荷载 q_1 为：

$$q_1 = q\sin\frac{\pi x}{a}\sin\frac{\pi y}{b} \tag{4-46}$$

且有：

$$q = \gamma H_f \tag{4-47}$$

式中　γ——岩层平均重度，kN/m³；

H_f——平衡拱的拱高，m。

综合以上各式，得到以挠度 $\omega(x,y)$ 为基础变量的薄板弯曲基本微分方程：

$$\frac{\partial^4\omega}{\partial x^4}+2\frac{\partial^4\omega}{\partial x^2\partial y^2}+\frac{\partial^4\omega}{\partial y^4}=\frac{q}{D}\sin\frac{\pi x}{a}\sin\frac{\pi y}{b} \tag{4-48}$$

（4）微分方程求解

工作面开采过程中覆岩的力学模型属于四边固支岩层薄板力学模型。图 4-13为四边固支岩层薄板力学模型，薄板截面所受荷载呈正弦函数分布。

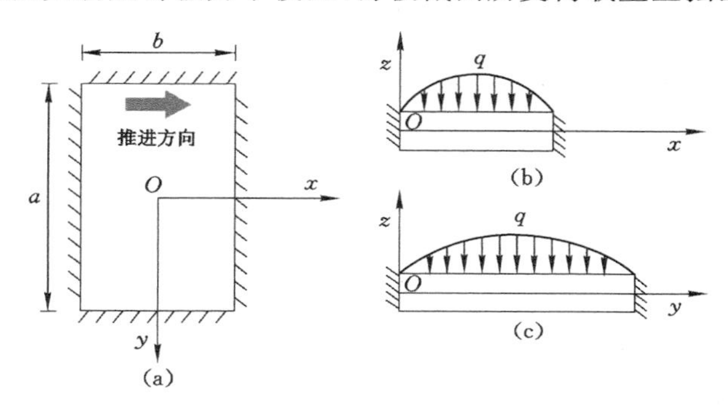

图 4-13 四边固支岩层薄板力学模型

根据前文的分析，上述力学模型满足以下边界条件：

$$\omega\big|_{x=0,x=a}=0 \tag{4-49}$$

$$\frac{\partial^2\omega}{\partial x^2}\Big|_{x=0,x=a}=0 \tag{4-50}$$

$$\omega\big|_{y=0,y=b}=0 \tag{4-51}$$

$$\frac{\partial^2\omega}{\partial y^2}\Big|_{y=0,y=b}=0 \tag{4-52}$$

可设：

$$\omega=C\sin\frac{\pi x}{a}\sin\frac{\pi y}{b} \tag{4-53}$$

式中 C——待定系数。

则有：

$$\pi^4\left(\frac{1}{a^2}+\frac{1}{b^2}\right)^2C\sin\frac{\pi x}{a}\sin\frac{\pi y}{b}=\frac{q}{D}\sin\frac{\pi x}{a}\sin\frac{\pi y}{b} \tag{4-54}$$

解得：

$$C=\frac{q}{\pi^4D\left(\frac{1}{a^2}+\frac{1}{b^2}\right)^2} \tag{4-55}$$

将其代入式(4-53)，则有：

$$\omega = \frac{q}{\pi^4 D \left(\frac{1}{a^2} + \frac{1}{b^2}\right)^2} \sin \frac{\pi x}{a} \sin \frac{\pi y}{b} \tag{4-56}$$

从图 4-13 可以看出，岩层中心处所受应力最大，其变形也最大，因此岩层中心处的挠度的大小控制着该岩层的破坏与否，则图 4-10 与图 4-11 表示的几何关系的第 n 层岩层中心处产生的挠度为：

$$\omega_n = \frac{\gamma H_f}{\pi^4 D} \left\{ \frac{1}{\left[L_x - \left(\frac{1}{\tan \theta_1} + \frac{1}{\tan \theta_2} \right) \sum_{i=1}^{n-1} h_i \right]^2} + \frac{1}{\left[L_y - \left(\frac{1}{\tan \theta_3} + \frac{1}{\tan \theta_4} \right) \sum_{i=1}^{n-1} h_i \right]^2} \right\}^2 \tag{4-57}$$

$$H_f = \frac{1}{2} \min \left\{ L_x - \left(\frac{1}{\tan \theta_1} + \frac{1}{\tan \theta_2} \right) \sum_{i=1}^{n-1} h_i , L_y - \left(\frac{1}{\tan \theta_3} + \frac{1}{\tan \theta_4} \right) \sum_{i=1}^{n-1} h_i \right\} \tag{4-58}$$

式中 γ——平衡拱内岩层的平均重度，kN/m³；

h_i——第 i 层岩层的厚度，m；

L_x，L_y——工作面的推进距离与宽度，m；

θ_1，θ_2——工作面走向方向上的破裂角，(°)；

θ_3，θ_4——工作面倾向方向上的破裂角，(°)。

岩层薄板的极限跨距 a_m，b_m 主要取决于岩石自身的物理力学性质，其破坏条件是当岩石的最大拉应力值 $\sigma_{max} = \sigma_t$ 时，岩层薄板在其中心位置发生断裂，此时的岩板尺寸 a_m，b_m 为极限尺寸。由岩层薄板的抗拉强度推导的极限跨距计算公式为：

$$a_m = \frac{ab_m}{b} \tag{4-59}$$

$$b_m = \sqrt{\frac{\sigma_{拉} h_i^2}{6kq}} \tag{4-60}$$

式中 k——岩层薄板的形状系数，可由式(4-61)计算得到：

$$k = 0.003\ 02 \left(\frac{a}{b}\right)^3 - 0.035\ 67 \left(\frac{a}{b}\right)^2 + 0.139\ 53 \left(\frac{a}{b}\right) - 0.058\ 59 \tag{4-61}$$

岩层薄板内最大的挠度可表示为：

$$\omega_{max} = \frac{\gamma a_m}{2\pi^4 D \left(\frac{1}{a_m^2} + \frac{1}{b_m^2} \right)^2} \tag{4-62}$$

联立方程式(4-57)与式(4-62)可求得岩层垮落距 L_x。

(5) 判定准则

利用上述岩层薄板模型计算导水裂缝带高度时遵从以下原则：

① 当第 j 层岩层实际挠度小于其极限挠度时，该岩层不会发生破断，随着工作面的继续推进，实际挠度逐渐增大，直至超过其极限挠度，岩层发生破断。

② 当在第 j 层岩层的极限跨距下，岩层的极限挠度大于该层下部的自由空间高度时，该岩层不会发生破断，导水裂缝带将终止发育，此时导水裂缝带的高度即工作面导水裂缝带的最大高度。

(6) 实际应用

与关键层理论一致，以 108 工作面为地质原型，对工作面采动过程中导水裂缝带发育高度进行分析预计。根据研究区实测数据与相似材料模拟结果可知，图 4-10 与图 4-11 中的岩层破断角 θ_1、θ_2、θ_3、θ_4 均在 60°左右。利用与 4.3.1 节相同的地质背景与力学参数，基于薄板理论并考虑压力拱效应对自由空间高度和与煤层顶板间距进行了计算，计算结果如表 4-6 所列。

表 4-6　基于薄板理论的覆岩破坏过程计算结果

编号	岩性	残余碎胀系数	自由空间高度/m	与煤层顶板间距/m	是否破断(Y/N)	工作面推进距离/m
1	泥岩	1.02	7.500	2.50	Y	11.98
2	粉砂岩	1.05	7.450	9.82	Y	26.48
3	细砂岩	1.05	7.084	16.69	Y	37.64
4	粉砂岩	1.05	6.741	33.25	Y	62.62
5	中砂岩	1.04	5.913	45.00	Y	74.60
6	粉砂岩	1.05	5.442	52.83	Y	82.22
7	中砂岩	1.04	5.051	63.30	Y	94.78
8	泥岩	1.02	4.632	68.27	Y	94.78
9	粗砂岩	1.04	4.533	75.30	Y	106.76
10	粉砂岩	1.05	4.252	82.40	Y	113.00
11	砂质泥岩	1.03	3.897	97.70	Y	135.70
12	粉砂岩	1.05	3.438	103.08	Y	135.70
13	中砂岩	1.04	3.169	109.80	Y	147.70
14	粉砂岩	1.05	2.900	115.87	Y	150.20
15	砂质泥岩	1.03	2.596	131.15	Y	174.62
16	泥岩	1.02	2.138	134.50	Y	174.62
17	泥质粉砂岩	1.03	2.071	138.40	Y	174.62

表 4-6(续)

编号	岩性	残余碎胀系数	自由空间高度/m	与煤层顶板间距/m	是否破断(Y/N)	工作面推进距离/m
18	中砂岩	1.04	1.954	143.12	Y	181.99
19	砂质泥岩	1.03	1.765	148.08	Y	187.66
20	粉砂岩	1.05	1.616	154.30	Y	195.88
21	中砂岩	1.04	1.305	164.14	N	

由表 4-6 可知,导水裂缝带终止于距离煤层顶板 154.30 m 处的粉砂岩,即导水裂缝带发育高度最终稳定在 154.30 m。值得注意的是,当工作面推进距离为 94.78 m 时,编号 7 中砂岩发生破断,而编号 8 泥岩已于先前破断,导水裂缝带穿透编号 8 泥岩,发育至上覆粗砂岩底界,高度为 68.27 m;同样,当工作面推进距离为 135.70 m 时,编号 11 砂质泥岩发生断裂破断,而编号 12 粉砂岩已发生断裂,导水裂缝带发育至编号 13 中砂岩底界,高度为 103.08 m;当工作面推进至174.62 m 时,编号 15 砂质泥岩发生断裂破断,而其上两层岩层已发生破断,导水裂缝带发育至编号 18 中砂岩底界,高度为 138.4 m;当工作面推进至 195.88 m 时,由公式(4-62)计算的编号 20 粉砂岩极限挠度为 1.538 m,小于下部自由空间高度 1.616 m,粉砂岩发生断裂破断,导水裂缝带高度发育至 154.30 m;当工作面继续推进时,由公式(4-62)计算的编号 21 中砂岩极限挠度为 1.785 m,大于下部自由空间高度 1.305 m,中砂岩不能发生断裂,导水裂缝带不能继续向上发育,其高度稳定在 154.30 m。导水裂缝带发育动态过程如图 4-14 所示。

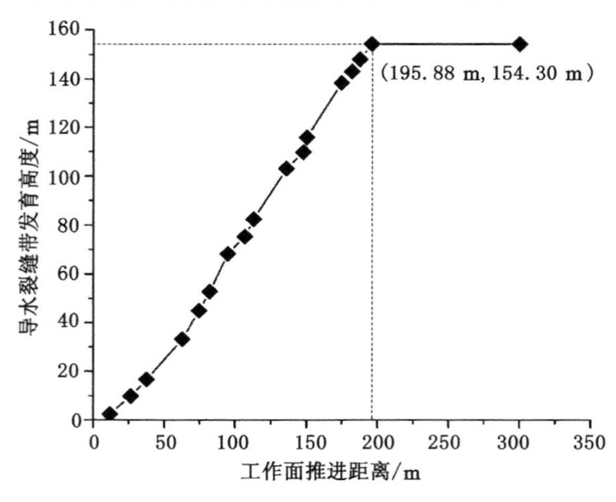

图 4-14 基于压力拱效应薄板理论的导水裂缝带发育动态过程

4.3　导水裂缝带发育高度的控制因素及高度预计

4.3.1　导水裂缝带发育高度的影响因素

通过整理、分析国内外学者的研究成果与工程案例，陕北地区侏罗系煤层开采导水裂缝带高度的影响因素概括为以下几个方面：

(1) 煤层开采高度。煤层开采高度控制着煤层顶板岩体的应力重分布、变形和破裂范围，是影响导水裂缝带发育高度最重要的因素，在传统经验公式中将其作为导水裂缝带发育高度最重要的参数。很多学者认为当煤层厚度较薄时，覆岩的破坏高度与煤层开采高度呈线性关系。然而，当煤层开采高度超过3 m时，这一线性关系可能失效。为分析煤层开采高度对导水裂缝带高度的影响，统计了研究区及周边矿区近 20 例实测数据，具体见表 4-7 与图 4-15。

表 4-7　基岩内发育的导水裂缝带高度(导高)与煤层开采高度(采高)统计表

编号	采高/m	导高/m	裂采比	编号	采高/m	导高/m	裂采比	编号	采高/m	导高/m	裂采比
1	2.5	62.9	25.16	7	5.0	130.5	26.10	13	9.9	149.0	15.05
2	3.5	84.8	24.23	8	5.3	111.5	21.04	14	10.0	165.8	16.58
3	4.0	75.8	18.95	9	5.3	133.5	25.19	15	11.2	189.1	16.88
4	4.4	89.5	20.34	10	5.5	115.2	20.95	16	12.1	193.8	16.02
5	4.5	92.1	20.47	11	6.0	126.4	21.07	17	12.6	191.0	15.16
6	4.8	90.6	18.88	12	6.0	117.8	19.64				

注:表中导水裂缝带均在基岩内完全发育;裂采比为导水裂缝带高度与开采高度之比。

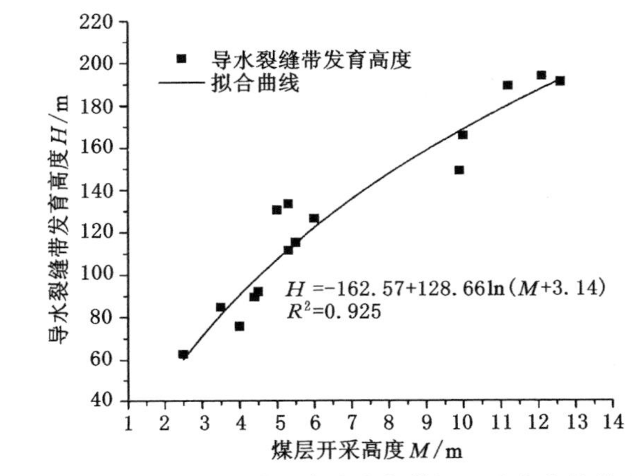

图 4-15　导水裂缝带发育高度与煤层开采高度的关系

从表 4-7 与图 4-15 可以看出，随着煤层开采高度的增大，覆岩导水裂缝带的发育高度也随之增大，但其增大的速率随开采高度的增大逐渐减小。裂采比与煤层开采高度的关系如图 4-16 所示。由图可知，随着煤层开采高度的增大，裂采比呈线性下降的趋势。在煤层厚度较薄时(＜5 m)，导水裂缝带的发育高度随煤层开采高度的增大近似呈线性增大趋势；在煤层厚度较厚时(＞5 m)，两者的线性关系逐渐减弱，导水裂缝带发育高度与煤层开采高度呈指数函数关系。图 4-15 中拟合曲线的准确度衡量指标 R^2 达到了 0.925，这说明煤层开采高度与导水裂缝带发育高度具有密切相关性。

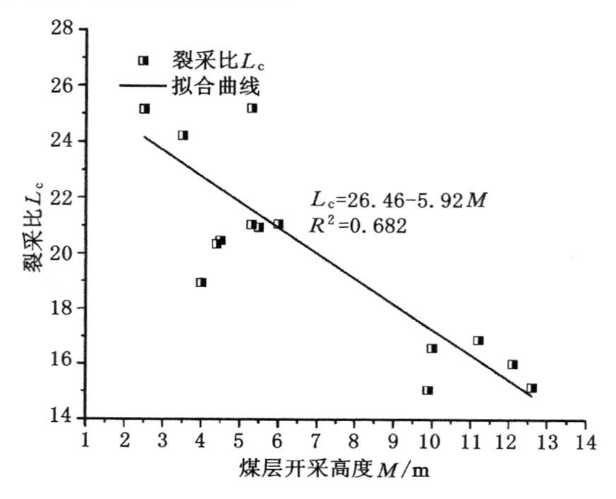

图 4-16　裂采比 L_c 与煤层开采高度的关系

(2) 覆岩强度及岩层组合。现行规范针对岩石强度的差异，给出了分别适用于坚硬、中硬、软弱与极软弱顶板类型的预计公式。但在实际运用中，覆岩的强度差异性较大，难以确定其顶板的类型。为了避免类型划分得不确定问题，硬岩岩性比例系数 k 被用于代替顶板岩层类型。此外，利用这一系数还可以反映顶板软硬岩层组合结构特征。硬岩岩性比例系数 k 是指煤层顶板以上导水裂缝带范围内的硬岩与统计高度的比值，硬岩可细分为中硬岩层与坚硬岩层，主要包括砂岩、石灰岩、混合岩、火成岩等。根据钻孔揭露情况对陕北地区煤层导水裂缝带内覆岩的硬岩岩性比例系数 k 进行了计算，结果如表 4-8 所列。

表 4-8　基岩内发育的导水裂缝带高度(导高)与硬岩岩性比例系数统计表

编号	k	导高/m	裂采比	编号	k	导高/m	裂采比	编号	k	导高/m	裂采比
1	0.23	90.6	18.88	7	0.42	92.1	20.47	13	0.52	193.8	16.02
2	0.25	75.8	18.95	8	0.43	165.8	16.58	14	0.53	189.1	16.88

表 4-8(续)

编号	k	导高/m	裂采比	编号	k	导高/m	裂采比	编号	k	导高/m	裂采比
3	0.30	89.5	20.34	9	0.46	115.2	20.95	15	0.66	62.9	25.16
4	0.32	149.0	15.05	10	0.50	191.0	15.16	16	0.68	130.5	26.10
5	0.37	117.8	19.64	11	0.51	84.8	24.23	17	0.73	133.5	25.19
6	0.42	111.5	21.04	12	0.52	126.4	21.07				

从表 4-8 可以看出，硬岩岩性比例系数 k 为 0.23～0.73，变化范围较大，表明陕北地区煤层覆岩中硬岩的含量变化较大；随着硬岩岩性比例系数 k 的增大，导水裂缝带发育高度的变化无明显规律，如图 4-17 所示。由图可知，直角坐标系中的数据点离散型较强，表明导水裂缝带的发育高度与硬岩岩性比例系数 k 无明显的直接关系。通过分析可得，数据点具有较强的离散型主要是由每个实测数据点的开采高度差异较大造成的。为消除开采高度对相关性分析的影响，将硬岩岩性比例系数 k 与裂采比 L_c 进行关联分析，分析结果表明，两者具有一定的线性相关性，如图 4-18 所示。由图可知，随着硬岩岩性比例系数 k 的增大，裂采比的值也随之增大，即覆岩中硬岩的含量越大，开采单位厚度煤层的覆岩导水裂缝带发育高度越大。两者的关系可利用等式 $L_c = -13.71 + 13.83k (R^2 = 0.418)$ 表达。

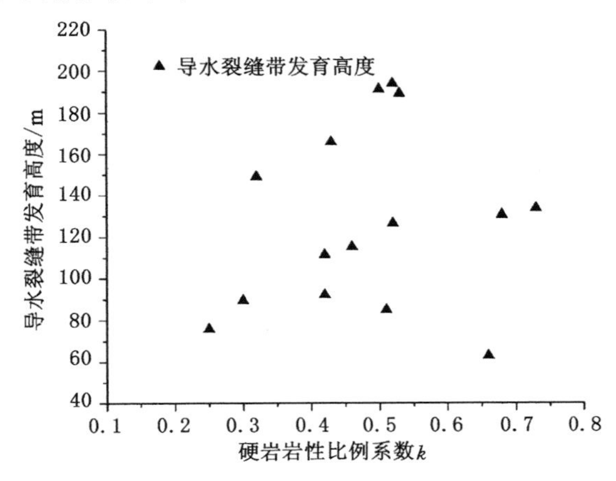

图 4-17　导水裂缝带发育高度与硬岩岩性比例系数 k 的关系

(3) 煤层开采推进速度。工作面推进速度 V 的大小对采动过程中覆岩的变形破坏有较为明显的影响。推进速度越快，导水裂缝带发育高度越小；反之越大。以往关于该因素对导水裂缝带发育高度的影响提及较少，主要是因为以往同区域工作面的推进速度相当。而在本研究区内，不同煤矿，甚至同一煤矿不同

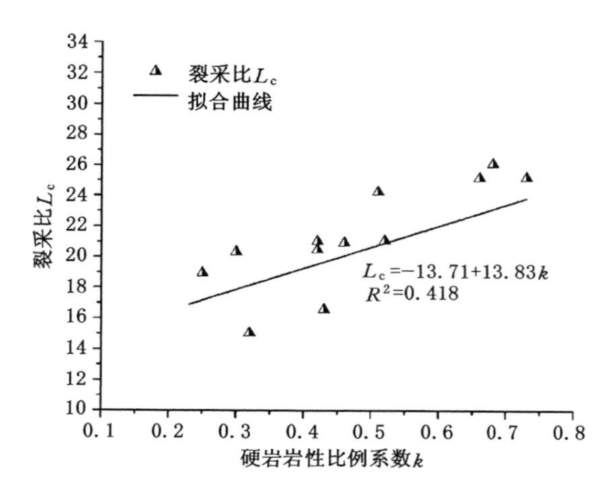

图 4-18　裂采比 L_c 与岩性比例系数 k 的关系

工作面的推进速度具有很大差异，如表 4-9 所列，工作面推进速度在 3.0～10.0 m/d，最大相差 3 倍有余。

表 4-9　基岩内发育的导水裂缝带高度（导高）与推进速度 V 统计表

编号	V /(m/d)	导高 /m	裂采比	编号	V /(m/d)	导高 /m	裂采比	编号	V /(m/d)	导高 /m	裂采比
1	3.0	117.8	19.64	7	5.0	62.9	25.16	13	8.0	189.1	16.88
2	4.0	89.5	20.34	8	6.0	84.8	24.23	14	8.0	193.8	16.02
3	4.0	133.5	25.19	9	6.5	115.2	20.95	15	8.0	165.8	16.58
4	4.0	130.5	26.10	10	6.5	111.5	21.01	16	10.0	75.8	18.95
5	4.0	90.6	18.88	11	7.0	92.1	20.47	17	10.0	149.0	15.05
6	5.0	126.4	21.07	12	7.8	191.0	15.16				

从表 4-9 可以看出，研究区及周边矿区工作面开采推进速度 V 在3.0～10.0 m/d，变化范围很大；随着 V 的增大，导水裂缝带发育高度的变化无明显规律，如图 4-19 所示。由图可知，坐标系中的数据点离散型较强，表明导水裂缝带发育高度与工作面开采推进速度 V 无明显的直接关系。通过分析得到，类似于硬岩岩性比例系数 k 与导水裂缝带发育高度的关系，数据点具有较强的离散型主要是因为每个数据点的采高变化较大。故将工作面开采推进速度 V 与裂采比进行关联分析，分析表明两者具有一定的相关性，如图 4-20 所示。由图可知，随着 V 的增大，导水裂缝带高度呈现降低的趋势，即工作面推进速度越小，导水裂缝带发育高度反而越大。两者的关系可利用等式 $L_c = 26.77 - 1.06V$

($R^2=0.519$)表达。

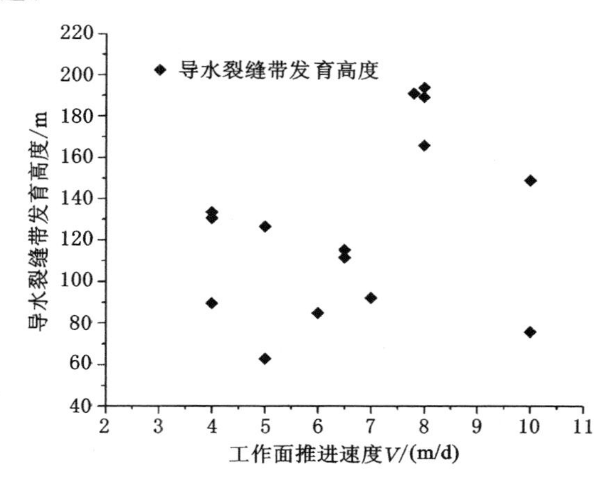

图 4-19 导水裂缝带发育高度与推进速度 V 的关系

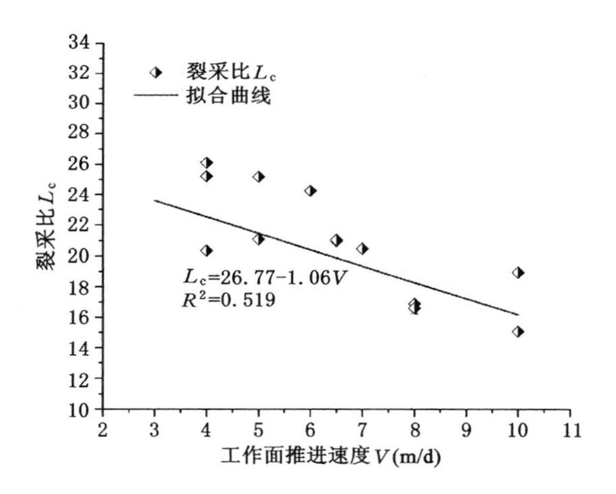

图 4-20 裂采比 L_c 与推进速度 V 的关系

工作面的尺寸、煤层的开采高度对导水裂缝带发育高度的影响也被研究分析,但结果均表现出无明显的相关性。研究区内煤层均近似水平,倾角相差较小;且研究区内鲜见地质构造。因此,煤层倾角与地质构造对研究区内导水裂缝带发育高度基本无影响。重复采动是影响导水裂缝带发育高度的重要因素,但本书主要研究首采煤层开采时导水裂缝带的发育高度,因此该因素未予以考虑。此外,随着煤层开采高度的增大,导水裂缝带发育高度也随之增大,当裂隙穿过基岩,将在土层中继续发育。而以往的研究表明,土层对导水裂缝带发育具有一定的抑制作用,具体在下节说明。

4.3.2 基于线性回归分析的导水裂缝带高度预测

上述分析表明，基岩内完全发育的导水裂缝带高度最重要的影响因素为煤层开采高度。此外，还受到覆岩强度与岩层组合、开采速度的影响。本书选择多元线性回归分析研究多个自变量和因变量与导水裂缝带高度之间的相关关系，其基本模型为：

$$y = a_0 + a_1 x_1 + a_2 x_2 + \cdots + a_n x_n \tag{4-63}$$

导水裂缝带高度影响因素及其预计结果分析见表 4-10。其中，导水裂缝带在基岩内发育高度的 17 组数据被用来分析研究，有 2 组数据被随机筛选出来用于检验。基于表 4-10 仅在基岩内发育的编号 1～15 的数据，以煤层开采高度 M、岩性比例系数 k 与工作面推进速度 V 为自变量，以导水裂缝带高度 H 为因变量，通过 SPSS 分析软件利用最小二乘法可求得相应的回归系数。R^2 被用于检验因变量导水裂缝带高度 H 与自变量 M、k 和 V 之间线性关系的密切程度。R^2 越接近于 1，说明拟合得到的回归方程与实际吻合度越高，越准确。

表 4-10　导水裂缝带高度(导高)影响因素及其预计结果分析

编号	M/m	k	V/(m/d)	导高/m	土中导高/m	裂采比	预计结果/m		导高发育位置
							采用公式(4-64)	采用公式(4-66)	
1	5.5	0.46	6.5	115.2		20.95	115.91		仅在基岩内
2	5.3	0.42	6.5	111.5		21.04	110.34		
3	6.0	0.52	5.0	126.4		21.07	129.54		
4	3.5	0.51	6.0	84.8		24.23	82.79		
5	4.5	0.42	7.0	92.1		20.47	97.02		
6	11.2	0.53	8.0	189.1		16.88	187.38		
7	4.4	0.30	4.0	89.5		20.34	92.10		
8	5.3	0.73	4.0	133.5		25.19	132.81		
9	4.0	0.25	10.0	75.8		18.95	77.33		
10	2.5	0.66	5.0	62.9		25.16	62.52		
11	5.0	0.68	4.0	130.5		26.10	123.97		
12	12.6	0.50	7.8	191.0		15.16	196.90		
13	12.1	0.52	8.0	193.8		16.02	194.67		
14	10.0	0.43	8.0	165.8		16.58	163.30		
15	9.9	0.32	10.0	149.0		15.05	144.93		
16	6.0	0.37	3.0	117.8		19.64	121.66		
17	4.8	0.23	4.0	90.6		18.88	94.52		

表 4-10(续)

编号	M/m	k	V/(m/d)	导高/m	土中导高/m	裂采比	预计结果/m		导高发育位置
							采用公式(4-64)	采用公式(4-66)	
18	8.0	0.65	4.0	151.1	20.3	18.89	171.30	151.00	土与基岩
19	6.8	0.68	5.0	115.2	36.7	16.94	154.07	117.33	
20	6.6	0.57	3.0	117.9	29.8	17.86	145.32	115.56	

利用最小二乘法分析得到的回归方程为：

$$H_p = -10.27 + 61.30\ln M + 11.82Mk - 0.23MV(R^2 = 0.994) \quad (4\text{-}64)$$

利用该式对基岩内发育的编号1～17处的导水裂缝带高度进行了预计，并与实测值进行了对比，如图4-21所示。由表4-10和图4-21可知，预计值与实测值很相近，经计算其中用于验证的编号16与编号17两处的预计值与实测值的绝对误差为3.86 m和3.92 m，相对误差为3.17%和4.15%，这说明利用该方法可以较为准确地预计基岩内导水裂缝带高度。

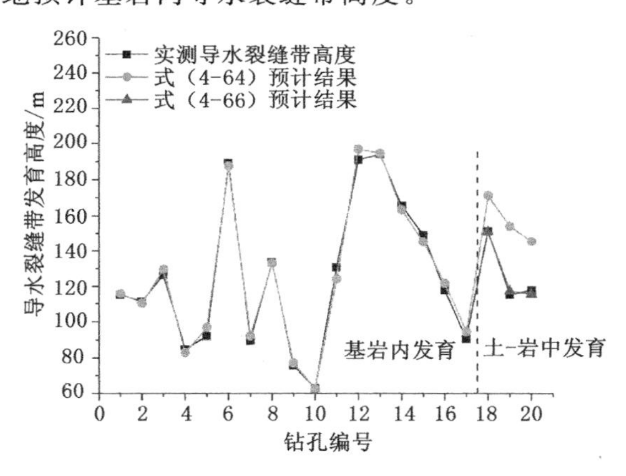

图4-21 导水裂缝带高度实测值与预计值对比

为研究土层与基岩中导水裂缝带发育高度的差异，利用公式(4-64)对编号18～20钻孔处导水裂缝带高度进行了预计，并与实际测试结果进行对比。从图4-21及表4-10可以看出，预计结果明显大于实际测试结果，并分别高出实际测试结果20.20 m、38.87 m、27.42 m，预计结果随着导水裂缝带进入土层中的高度的增大而增大。高出的部分可作为土层对导水裂缝带的抑制结果(相对于基岩)。

设土层对导水裂缝带抑制因子为α，则其可以利用下式计算得到：

$$\alpha = \frac{H_p - H_m}{D_s - D_p} \tag{4-65}$$

式中，H_m为土-基覆岩中导水裂缝带的实测高度；D_s为土层底界面埋深；D_p为公式(4-64)预计高度相对应的导水裂缝带顶界面埋深。

将表4-10中编号18～20钻孔处的导水裂缝带高度预计值H_p与实测结果H_m代入式(4-65)中，得到抑制因子分别为0.499、0.500、0.500，其值基本稳定在0.500左右。

式(4-64)可以用于预计在基岩内完整发育的导水裂缝带高度，但是无法对土-岩复合结构覆岩中发育的导水裂缝带高度进行预计。为预计土-岩复合结构覆岩中发育的导水裂缝带高度，考虑土层的抑制因子，将式(4-65)进行变形得到式(4-66)，实现了对式(4-65)的修正。

$$H_{px} = H_p - 0.5(D_s - D_p) \tag{4-66}$$

利用式(4-64)与式(4-66)对编号18～20钻孔处土-岩复合结构覆岩中导水裂缝带的发育高度进行了预计，预计结果列于表4-10中。从表4-10及图4-21可以看出，公式(4-66)的预计结果与实测值相近，经计算其相对误差控制在2.02%以内，说明该公式可以较为准确地预计土-岩复合覆岩中发育的导水裂缝带高度。

基于X射线衍射对土层进行黏土矿物成分相对定量分析的结果显示，蒙脱石含量为36%，伊利石、蒙脱石形成的混层矿物含量为18%。蒙脱石遇水膨胀促使裂隙闭合，特别是在自重应力的协助下。此外，土层的塑性变形一般较大，使得外力对该土层所做的功在单位高度土层中消耗量大，因而更容易损耗劈裂能量，从而抑制导水裂缝的继续向上发育。

为进一步验证预计公式(4-64)和式(4-66)的准确性，以下利用RFPA软件建立煤层开挖数值模型并计算数值模拟结果，并将数值模拟结果与预计结果进行对比。

基于金鸡滩煤矿108工作面钻孔处的地质及开采条件的原型建立了数值模型并进行了拓展，进行了导水裂缝带高度模拟，结果如图4-22所示。模拟结果显示，图4-22(a)模型开采高度为6 m，推进速度为5 m/d，导水裂缝带发育高度为131.45 m。图4-22(b)、(c)模型开采高度均为8 m，推进速度分别为10 m/d和5 m/d，导水裂缝带发育高度分别为144.11 m和148.10 m。图4-22(d)、(e)模型煤层开采高度均为10 m，推进速度分别为10 m/d和5 m/d，导水裂缝带发育高度分别为153.86 m和159.74 m。综合利用式(4-64)与式(4-66)对5个模型导水裂缝带的高度进行了预计，分别为129.54 m、143.98 m、148.58 m、154.67 m、160.42 m，与对应的数值模拟的结果分别相差−1.91 m、0.13 m、

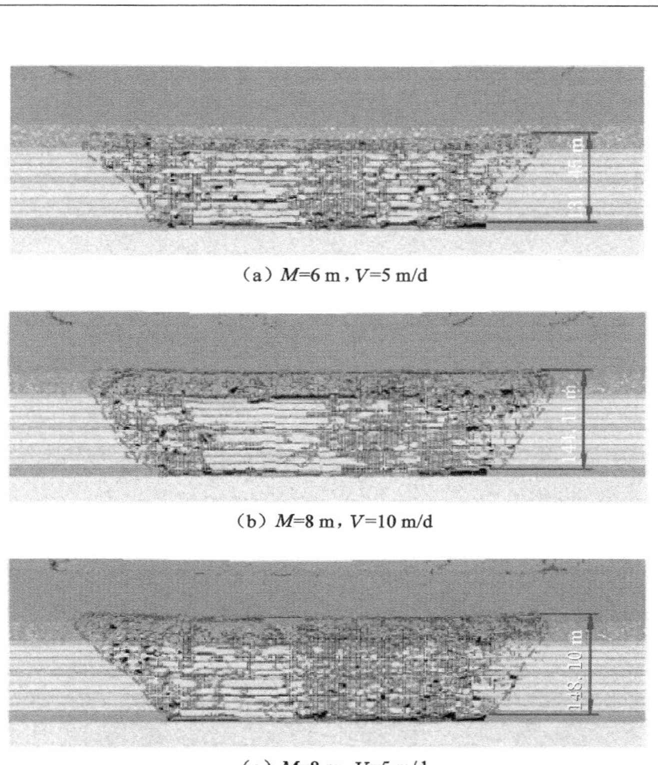

（a）M=6 m，V=5 m/d

（b）M=8 m，V=10 m/d

（c）M=8 m，V=5 m/d

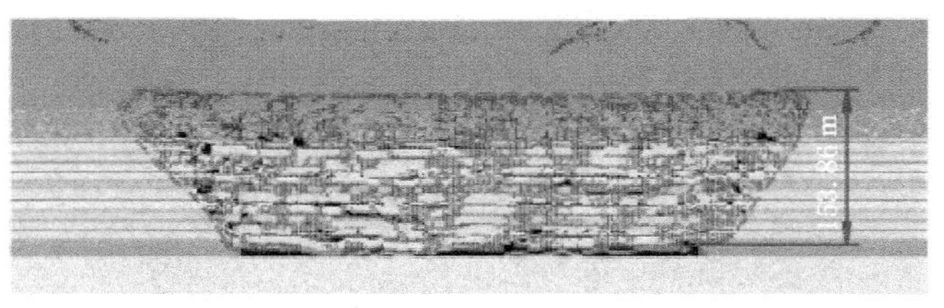

（d）M=10 m，V=10 m/d

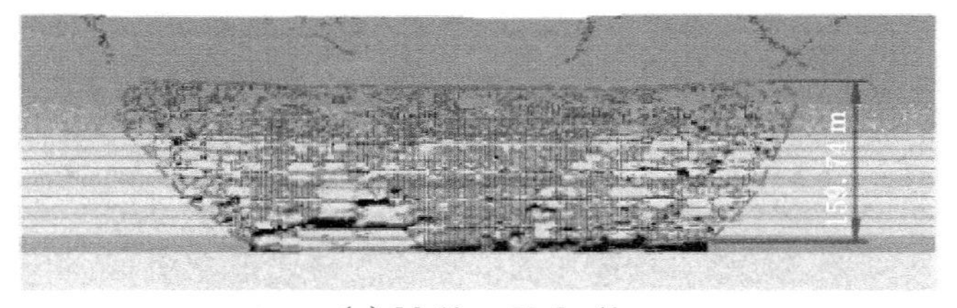

（e）M=10 m，V=5 m/d

图 4-22 不同开采高度和不同推进速度下导水裂缝带模拟高度

0.48 m、0.81 m、0.68 m，相对误差在 1.5%以内。这一结果进一步验证了预计公式的准确性。

4.4 陕北侏罗系煤层覆岩结构特征及导水裂缝带高度发育异常机理

4.4.1 陕北侏罗系煤层覆岩结构特征

在工程地质性质测试和覆岩结构面发育程度分析的基础上，结合开采实践、野外调查、原位探查等，将侏罗系煤层覆岩结构分为整体状结构和层状结构。

(1) 整体状结构

整体状结构主要指直罗组及延安组砂岩的岩体结构，亦包括以钙质胶结为主且厚度相对较大的粉砂岩。岩体分层厚度较大，大部分为巨厚层状，整体强度高。结构面以层面节理为主，多呈闭合状态，间距普遍大于 2.0 m，满足《岩土工程勘察规范》(GB 50021—2001)裂隙面大于 1.5 m 的要求，其多以煤层的基本顶板出现。此结构是区内覆岩中完整性和稳定性相对较好的岩体结构，如图 4-23(a) 所示。

(a) 整体状结构

(b) 层状结构

图 4-23　陕北侏罗系煤层覆岩结构

(2) 层状结构

层状结构是煤系地层中泥岩组的典型结构，一般为薄-中-厚层状且以厚层状为主，夹泥岩、煤、炭质泥岩等软弱夹层，局部夹有中厚层状砂岩、粉砂岩。该岩体结构特点是岩体分层多，软硬相间。受沉积环境因素影响，剖面和平面上厚度变化大，如图 4-23(b)所示。受结构面影响，结构体形态以长方体、板状体为主，易受地下水对岩石的软化、崩解、离析等。在煤层顶板多以复合结构产出，失去原岩压力平衡状态后，以离层或沿滑面滑脱失稳为主要表现形式。

覆岩结构特征主要体现在以下 2 个方面：

① 侏罗系煤层上覆岩层中，构造运动对其影响很小，岩体整体性好，只有近水平的中、细砂岩和粉砂岩以及砂质泥岩存在不同岩性层面节理，且连续性好、致密，几乎不存在竖向节理，而在东部石炭-二叠系煤层上覆岩层中，构造运动较强烈，构造地层受构造活动影响较大，在煤系地层内形成了一系列的沉积面与结构面，导致覆岩整体性差，呈块状或者碎裂结构。

② 通过分别对未受采动影响的侏罗系煤层和石炭-二叠系煤层进行大量钻孔取样，统计得出两种煤层覆岩钻孔岩芯 RQD 值差别较大，侏罗系煤层覆岩的 RQD 值普遍大于 90%；而石炭-二叠系煤层覆岩的 RQD 值在 40%左右。根据《矿区水文地质工程地质勘探规范》(GB 12719—1991)岩体质量及岩体优劣分级表可知，当 RQD 值大于 90%时，岩体质量极好，岩体完整；当 RQD 值大于 25%而小于 50%时，岩体质量较劣，岩体完整性差。因此，侏罗系煤层覆岩为完整结构类型覆岩，而石炭-二叠系煤层覆岩结构完整性差。

4.4.2 陕北地区导水裂缝带高度发育异常机理

陕北地区导水裂缝带高度发育异常是指裂采比异常。在中国东部矿区，裂采比一般在 10 左右，而大量实测结果显示：在陕北地区，裂采比大多在 20 以上，最大可达到 30。造成这一巨大差异的主要原因归结于以下 2 个方面：岩层的结构(陕北侏罗系煤层覆岩的整体性结构)和关键层位置(陕北侏罗系煤层关键层主要位于覆岩中下部)。

岩体的强度受到岩块和结构面的强度及其组合形式的控制。Hock 和 Brown 提出了岩块和岩体破坏时的判据公式：

$$\sigma_1 = \sigma_3 + \sqrt{M\sigma_c\sigma_3 + S\sigma_c^2} \tag{4-67}$$

式中 σ_1,σ_3——岩体破坏时最大有效主应力与最小有效主应力，MPa；

σ_c——完整岩块的单轴抗压强度，MPa；

M,S——岩体结构特征常数。

岩体抗剪强度指标 c_{mass} 和 φ_{mass} 的确定方法如下：

当 $\sigma_3=0$ 时，得到岩体单轴抗压强度：

$$\sigma_{cmass} = \sqrt{S} \cdot \sigma_c \tag{4-68}$$

当 $\sigma_1=0$ 时，得到岩体的抗拉强度：

$$\sigma_{tmass} = \frac{1}{2}\sigma_c(M - \sqrt{M^2 + 4S}) \tag{4-69}$$

由式(4-67)计算破裂时的 σ_1 值，再计算破裂面上的正应力 σ_n：

$$\sigma_n = \sigma_3 + \frac{(\sigma_1 - \sigma_3)^2}{2(\sigma_1 - \sigma_3) + \frac{1}{2}M\sigma_c} \tag{4-70}$$

在岩体强度和变形参数换算中,破裂面上的剪应力 τ 为:

$$\tau=(\sigma_n-\sigma_3)\sqrt{1+\frac{M\sigma_c}{2(\sigma_1-\sigma_3)}} \tag{4-71}$$

则 c_{mass} 和 φ_{mass} 为:

$$c_{mass}=\tau-\sigma_n\tan\varphi_{mass} \tag{4-72}$$

$$\varphi_{mass}=90-\arcsin\frac{2\tau}{\sigma_1-\sigma_3} \tag{4-73}$$

通过以上分析得出,岩体中结构面的发育程度对岩体的力学性质影响强烈。结构面的存在导致岩体的力学性质降低。虽然东部石炭-二叠系煤田与陕北侏罗系煤田煤层顶板都为中硬顶板,但是陕北侏罗系煤田构造运动以水平运动为主,岩体内结构面发育程度较东部煤田低,从而导致陕北侏罗系煤田覆岩整体力学性质高于东部煤田。由于覆岩的整体状结构,导致了覆岩整体的力学性质较高,在煤层回采之后,由于岩层单层厚度较大,岩层的沉降量较小,顶板岩层垮落充分,使导水裂缝带发育高度较大,从而导致导水裂缝带高度的异常增大。

为验证整体状结构对导水裂缝带发育高度异常的影响,设计了 2 种覆岩结构模型。覆岩的不同结构通过节理发育程度不同来体现(图 4-24),2 种模型中覆岩的块体和节理选取相同的物理力学参数,利用 UDEC 离散元数值模拟软件计算 2 种模型煤层回采之后覆岩运移和导水裂缝带发育高度,对比分析不同的覆岩结构对覆岩的运移和导水裂缝带高度的影响。

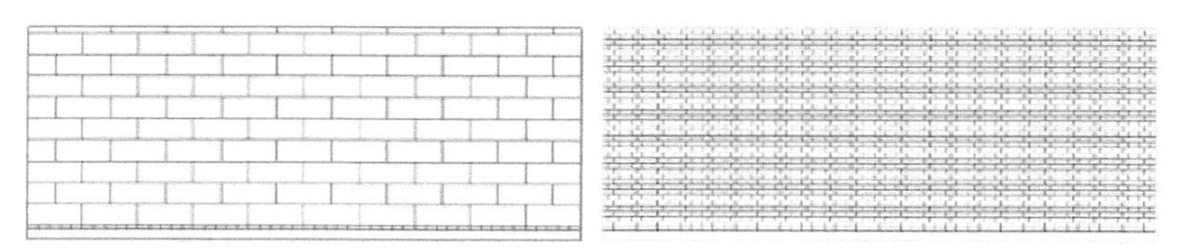

(a) 结构面和裂隙不发育　　(b) 结构面和裂隙发育

图 4-24　不同覆岩结构模型的节理发育程度

在覆岩结构面和裂隙不发育情况下,当煤层回采 250 m 时,导水裂缝带高度为 95 m,随着工作面的继续推进,导水裂缝带高度不再增大;在覆岩结构面和裂隙发育的情况下,当煤层回采 200 m 时,导水裂缝带高度为 60 m,随着工作面的继续推进,导水裂缝带高度不再增大,如图 4-25 所示。数值模拟结果同样表明了整体性结构对导水裂缝带发育具有一定的促进作用。

此外,根据关键层理论与室内相似材料模拟实验结果(图 4-26)可知,关键层的下位特征也是影响导水裂缝带高度发育异常的重要因素。

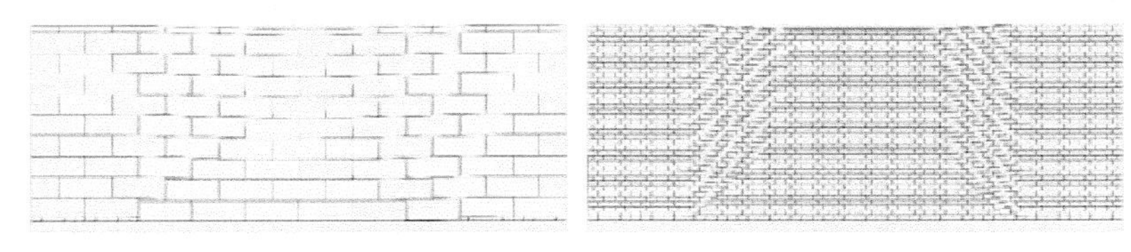

(a) 结构面和裂隙不发育　　　　(b) 结构面和裂隙发育

图 4-25　煤层开采覆岩运移破坏图

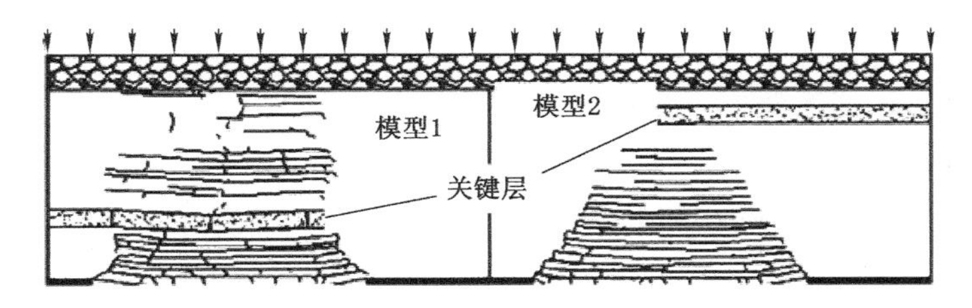

图 4-26　关键层位置对采动裂隙发育高度的影响

4.5　本章小结

本章分析了采动覆岩变形破坏的垂向分带性及其空间展布特征，基于关键层理论与薄板理论计算了覆岩导水裂缝带的动态高度。基于大量的实测数据，分析了陕北地区覆岩导水裂缝带高度的影响因素，并利用线性回归分析方法得到了导水裂缝带高度预计经验公式，其准确性被验证与分析。此外，在分析陕北侏罗系煤层覆岩结构特征的基础上研究了陕北地区导水裂缝带发育异常机理。

(1) 通过开采实践、现场勘查结果、理论分析，对采动覆岩变形破坏的垂向分带性进行了分析，提出非贯通裂缝带的概念；非贯通裂缝带是岩层内部发育大量裂隙但彼此不贯通或很少贯通，整体保持原有的层状结构，变形与移动具有似连续性的那部分岩层；并将钻孔冲洗液漏失量开始波动，孔内水位无明显下降且渗透性至少增加一个等级的起点作为广义导水裂缝带的顶界位置。

(2) 垮落带发育高度较为稳定，与工作面空间位置的关系较小，(贯通)裂缝带与非贯通裂缝带的发育高度变化范围较大，与工作面空间位置密切相关；贯通裂缝带与非贯通裂缝带边界轮廓均由工作面巷道煤壁向内侧延伸，空间形态近似呈“拱形”，而非“马鞍形”；沿工作面走向中心剖面上，导水裂缝带高度最大值位于停采线附近，并且是沿工作面推进方向逐渐增大。非贯通裂缝带的高度约为导水裂缝带高度的 0.2 倍。

(3) 基于薄板理论，考虑压力拱效应与采动覆岩破坏特征建立了导水裂缝带动态高度计算模型；对比分布式光纤动态监测结果，该模型计算结果较基于关键层理论的计算结果更加符合实际情况；结合覆岩结构特征分析结果，认为薄板理论较固支梁理论更适用于陕北地区。

(4) 分析了开采高度、覆岩(土)性质、工作面推进速度与土层的抑制作用对陕北地区导水裂缝带发育高度的影响，提出并确定了土层的抑制因子；基于多元线性回归分析，给出了在基岩内完全发育与土-岩复合岩层中发育的导水裂缝带高度预计公式；通过实测分析与数值模拟验证，预计结果的误差基本控制在5.00%以内。

(5) 陕北侏罗系煤层覆岩结构主要为整体状结构和层状结构，结构较东部石炭-二叠系煤层完整；陕北地区裂采比较东部矿区异常增大，造成这一巨大差异的机理主要归结于覆岩的整体状结构与关键层主要位于覆岩中下部 2 个方面。

5 采动损伤岩(土)体渗透性演化规律

5.1 采动损伤岩体渗透性原位探查

5.1.1 现场压水试验

(1) 试验原理与设备

为探查采动损伤裂隙岩体渗透性的变化，利用地面钻孔对金鸡滩煤矿 101 工作面采动影响区与未影响区进行了现场压水试验。现场压水试验通过地面钻孔对孔壁周围岩体的渗透性进行测试，其利用止水栓塞与套管隔离出一定长度的孔段，使得该段孔壁与试验装置相连接，形成一个相对独立的空间而不受其他段位的影响，随后利用水泵以一定的压力向孔内(隔离出的孔段)注入清水，待水压稳定后，利用流量计记录该压力下注入的水量。利用单位试段长度在特定压力下的压入流量值来表征该孔段岩石的透水性。该方法一般用于评价渗透性较差的岩(土)体的渗透性，在渗透性较好的岩体中(如贯通裂缝带内岩体)可能出现流量突然呈数倍增大、压力无法提高的现象。图 5-1 为现场压水试验的装置图。

(2) 试验过程

本次现场压水试验参照《水利水电工程钻孔压水试验规程》(SL 31—2003)，当钻孔钻进至目的层时先利用清水钻进，钻进至目的层后对上部非测试孔段进行扩孔，然后将水压式止水栓塞下至试验目的层的顶界位置，期间在钻杆上施加约 4.0 MPa 的压力。试验按三级压力 5 个阶段(0.3 MPa—0.6 MPa—1.0 MPa—0.6 MPa—0.3 MPa)的方法，在采动影响区与未影响区对煤层上覆岩体进行了现场压水试验。

(3) 试验结果与分析

在完整岩层中进行压水试验时，压力均可正常实施，岩体渗透系数较小，且变化幅度不大；当进入非贯通裂缝带后，岩层中发育一定的裂隙，渗透系数有一

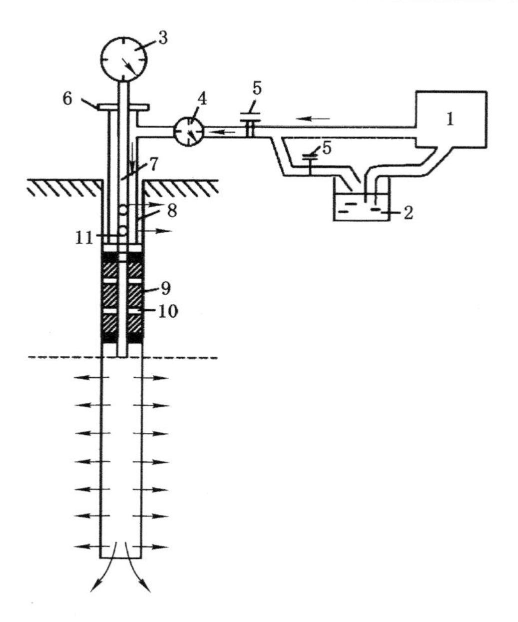

1—水泵；2—水箱；3—高精度压力表；4—流量表；5—开关；6—千斤顶；
7—内管；8—外管；9—橡皮塞；10—铁垫圈；11—送水孔。

图 5-1　压水试验装置示意图

定的增大，且随着钻孔深度的增大，渗透系数逐渐增大，而当进入导水裂缝带后岩层中发育有密集的裂隙时，渗透系数明显增大，大部分钻孔出现压力无法提高，流量突然呈数倍增大的现象。由于工作面煤层开采高度较小(5.5 m)，上覆土层的渗透系数并未明显地增大，弯曲下沉带内岩层的渗透系数变化也不明显。4 个工作面中心钻孔中仅在 JSD2 钻孔处测试到了部分导水裂缝带内岩体的渗透系数。

测量不同压力 P 下单位压入流量 Q，并换算成计算值。每一级压力都要至少测量 5 个数据，将 5 个数据的平均值作为计算渗透系数的最终值。试验过程中的 P-Q 曲线为层流型，即升压曲线是通过原点的直线且与降压曲线基本重合。因此可利用公式(5-1)计算采动损伤岩体的渗透系数。

$$K = \frac{Q}{2\pi Hl}\ln\frac{l}{r_0} \tag{5-1}$$

式中　K——岩石的渗透系数，m/d；

Q——压入水体的流量，m^3/d；

H——试验过程中的水头高度，m；

l——试验岩段的长度，m；

r_0——试验钻孔的半径，m。

层流型 P-Q 曲线说明岩石的渗透性比较稳定，不随着水压的变化而变化或者变化不明显，如 JT1 钻孔处一完整细砂岩段在升压—降压过程中 5 个阶段的渗透系数分别为 6.80×10^{-3} m/d、6.83×10^{-3} m/d、6.89×10^{-3} m/d、6.85×10^{-3} m/d、6.83×10^{-3} m/d，与测试结果基本一致。基于此种情况，本书将 5 个阶段获得的渗透系数的平均值作为试验段岩石的渗透系数最终结果。非贯通裂缝带内采动损伤裂隙岩体是本次试验的重点试验段，为了便于分析，将其人为等分为上中下 3 段。

根据上述方法，对背景孔 JT1 与其他试验钻孔的试验数据进行了计算分析与统计，获得了未受采动影响区、非贯通裂缝带上部、非贯通裂缝带中部与非贯通裂缝带下部主要组成岩性(泥质砂岩、细砂岩与粉砂岩)岩石的渗透系数。具体结果如表 5-1 所列。

表 5-1 采动损伤裂隙岩体渗透性压水试验结果

位置	未受采动影响区			非贯通裂缝带上部		
岩性	细砂岩	粉砂岩	泥质砂岩	细砂岩	粉砂岩	泥质砂岩
渗透系数/(m/d)	6.84×10^{-3}	5.81×10^{-3}	4.77×10^{-3}	7.51×10^{-2}	5.47×10^{-2}	3.63×10^{-2}
位置	非贯通裂缝带中部			非贯通裂缝带下部		
岩性	细砂岩	粉砂岩	泥质砂岩	细砂岩	粉砂岩	泥质砂岩
渗透系数/(m/d)	1.44×10^{-1}	1.14×10^{-1}	9.59×10^{-2}	3.31×10^{-1}	2.45×10^{-1}	1.62×10^{-1}

由表 5-1 可知，在未受采动影响区覆岩中的细砂岩、粉砂岩与泥质砂岩的渗透系数分别为 6.84×10^{-3} m/d、5.81×10^{-3} m/d、4.77×10^{-3} m/d，呈递减的趋势，但彼此相差不大，这与前文钻孔冲洗液消耗量较为稳定相对应。根据《水利水电工程地质勘察规范》(GB 50487—2008)关于岩(土)体渗透性的分级标准可知，三者的渗透性等级属于“微透水”等级。

图 5-2 为不同位置泥质砂岩渗透性的变化特征，为对应《水利水电工程地质勘察规范》(GB 50487—2008)，图中渗透系数单位使用 cm/s，P0、P1、P2、P3 分别代表未受采动影响，处于非贯通裂缝带上部、中部和下部的位置。由图可知，受采动影响非贯通裂缝带内的泥质砂岩的渗透系数发生了显著的增大，渗透系数的增大程度与其位置密切相关。处于非贯通裂缝带上部、中部与下部的泥质砂岩渗透系数分别从未受采动影响时的 5.52×10^{-6} cm/s 增大到 4.20×10^{-5} cm/s、1.11×10^{-4} cm/s、1.88×10^{-4} cm/s，分别增大了 7.61 倍、20.11 倍、34.06 倍。泥质砂岩渗透性的等级由原来的“微透水”变为“弱透水”甚至“中等透水”。

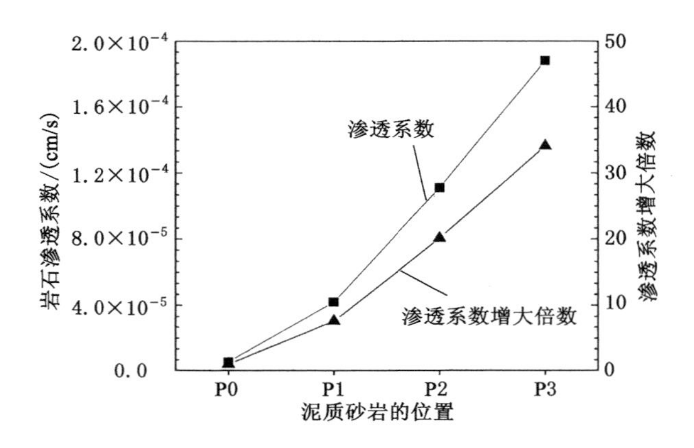

图 5-2 不同位置泥质砂岩渗透性的变化特征

图 5-3 和图 5-4 分别为粉砂岩与细砂岩在不同位置的渗透性变化特征。与泥质砂岩相似，渗透性受采动影响显著且变化幅度与所在位置密切相关。处于非贯通裂缝带上部、中部与下部的粉砂岩渗透系数分别为 6.33×10^{-5} cm/s、1.32×10^{-4} cm/s、2.83×10^{-4} cm/s，相对于采动之前的 6.73×10^{-5} cm/s 分别增大了 9.41 倍、19.61 倍、42.05 倍；3 处粉砂岩的渗透系数分别为 8.69×10^{-5} cm/s、1.67×10^{-4} cm/s、3.83×10^{-4} cm/s，较初始位置 P0 处的 7.92×10^{-6} cm/s 分别增大了 10.97 倍、21.09 倍、48.36 倍。

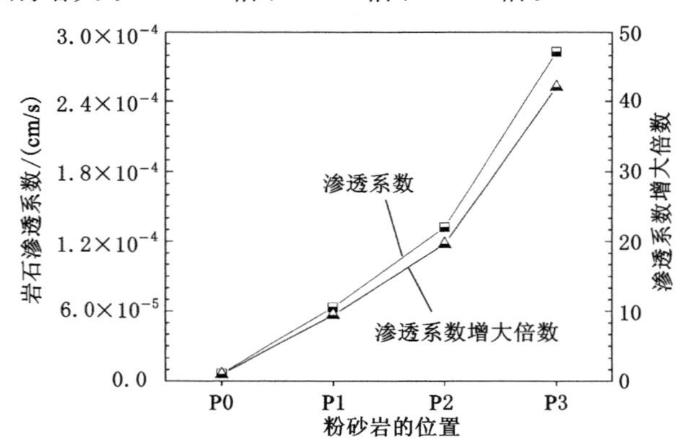

图 5-3 不同位置粉砂岩渗透性的变化特征

综上所述，受采动影响，3 种岩性岩石的渗透系数发生了明显变化，渗透系数最大增幅达到 2 个数量级，其渗透性等级也由“微透水”变为“弱透水”甚至“中等透水”。在采动影响下，细砂岩的渗透系数及其增幅均最大，其次是粉砂岩，泥

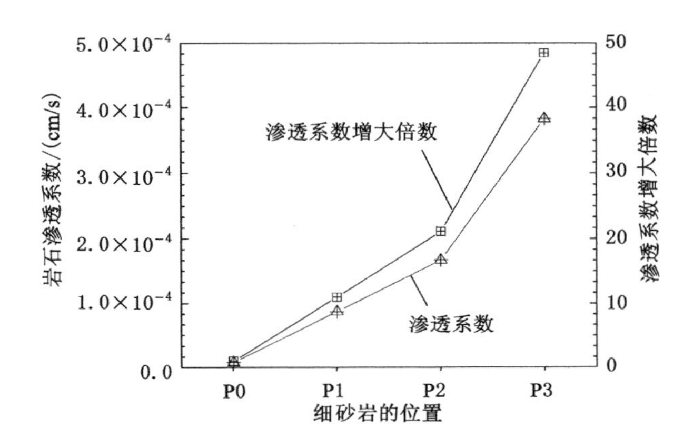

图 5-4 不同位置细砂岩渗透性的变化特征

质砂岩最小。岩石渗透系数增大的程度不仅与岩石的岩性相关,也与其所在位置相关,越靠近非贯通裂缝带底部其渗透系数变化越明显。非贯通裂缝带下部岩石的渗透系数较非贯通裂缝带上部高出 1 个数量级。非贯通裂缝带上部、中部和下部岩体的渗透系数约为采前的 10 倍、20 倍和 40 倍。

5.1.2 土层隔水性变化动态监测

为探查采动过程中导水裂缝带之上土层的隔水性动态变化特征,利用光栅光纤渗压计对采动过程中土层的隔水性变化进行了监测与分析。利用钻孔将 4 个渗压计分别安装在潜水含水层底部、黄土层中部、红土层中部和基岩顶部,通过对比渗透压力的变化来分析采动过程中土层隔水性的变化。

(1) 试验原理

光纤光栅(FBG)通过改变光纤芯区折射率,使其产生小的周期性调制。其中心波长 λ 一般与光线折射率 n 及光纤光栅栅距 Λ 有关,并存在以下关系:

$$\lambda = 2n\Lambda \tag{5-2}$$

光纤的折射率与外界环境的温度与压力相关,当温度或压力发生改变时,光纤产生轴向应变,应变使得光栅周期变大,通过光弹性效应改变光纤的折射率,从而引起光栅波长偏移。利用应变与光栅波长偏移量的线性关系,可以计算出被测结构的应变量,其测试原理如图 5-5 所示。

故在已知环境温度的情况下,可以利用中心波长的变化来分析水压的大小,水压力的大小可以由下式计算得到:

$$P = K_{\mathrm{P}}[(\lambda - \lambda_0) + K_{\mathrm{T}}(T - T_0)] \tag{5-3}$$

式中 P——测得的水压力,MPa;

K_{P}——传感器压力与波长的比值,常数(本书经标定为 6.878),

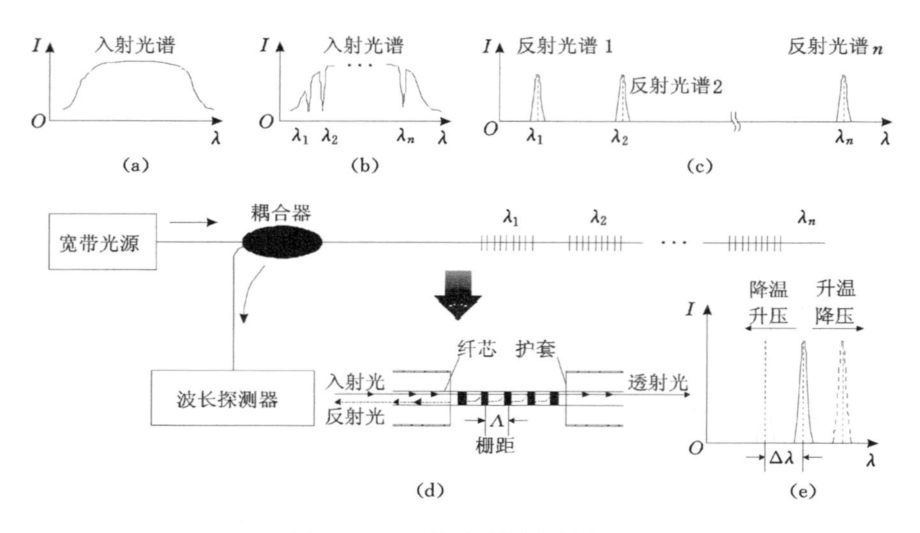

图 5-5 FBG 传感系统测试原理

MPa/nm;

K_T——波长偏移值与温度的比值,常数(本书经标定为 0.024),nm/℃;

λ_0——光纤光栅波长测试初始值,nm;

λ——水压力测试时的波长,nm;

T_0——λ_0 测试时的外界环境温度,℃;

T——λ 测试时的外界环境温度,℃。

监测使用光纤布拉格光栅(FBG)渗压计,并利用 NZS-FBG-A03 型便携式光纤光栅解调仪测得渗压计的中心波长及其变化。渗压计、便携式光纤光栅解调仪和 FBG 温度计如图 5-6 所示。

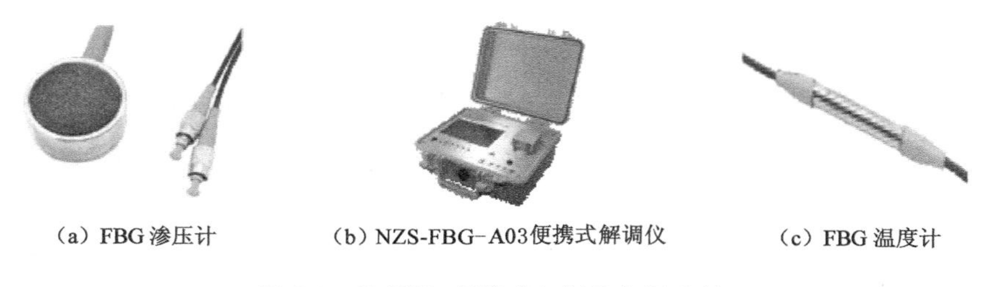

(a) FBG 渗压计 (b) NZS-FBG-A03便携式解调仪 (c) FBG 温度计

图 5-6 渗压计、便携式解调仪与温度计

为配合使用图 5-6(c)所示的 FBG 温度计,掌握测试外界环境温度变化的方法,基于式(5-3)可得到水压力与光纤光栅波长的关系式,再配套相应的无线现场值守机,就可以实现无线自动化动态监测。

（2）监测方案

现场共安装 4 个渗压计与 1 个温度计，渗压计分别布置在潜水含水层底界、黄土层中部、红土层中部与红土层底界以下 5 m 处，温度计在 2# 渗压计与 3# 渗压计中间。传感器与地层的空间结构如图 5-7 所示，图中 P 代表渗压计，T 代表温度计。

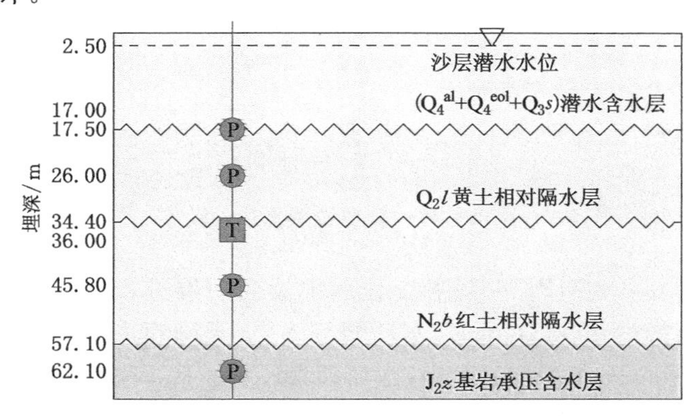

图 5-7　传感器与地层的空间结构示意

在安装前按照图 5-7 的排列方式，先将渗压计与温度计串联。为防止土颗粒堵塞渗压计中的透水石，在埋深前利用透水纱布将渗压计包裹，并利用扎丝固定。钻孔内各目的层之间无直接水力联系是保证渗压计测得准确数据的前提，故在埋设过程中，利用黏土球与瓜子壳阻断渗压计之间的联系。本次监测自采煤工作面距离监测钻孔 100 m 处开始，通过无线现场值守机自动采集渗压计与温度计的数据，采集间隔为 1 d，开采速度约 10 m/d。当 4 个渗压计数据相对稳定时停止监测任务，监测共获得 115 个数据点，期间工作面推进约 1 200 m。

（3）监测结果与分析

将监测过程中渗压计与温度计的数据代入式(5-3)可以得到采动过程中，4 个渗压计位置水压的动态变化，如图 5-8 所示。图中工作面推进位置与监测钻孔的距离为负时，表示采煤工作面未推至钻孔；此距离为正时，表示采煤工作面已推过钻孔。

根据监测结果，按埋设位置自上而下分别对 4 个渗压计位置处水压的变化进行分析，具体如下。

① 1# 渗压计位置：在工作面距离监测钻孔 −100～−50 m 范围内，潜水含水层底部水压稳定在 0.145 MPa 左右，此时潜水含水层水位保持稳定；自工作面距离监测钻孔 −50 m 处，水压开始下降，曲线斜率下降很小，说明水压下降速

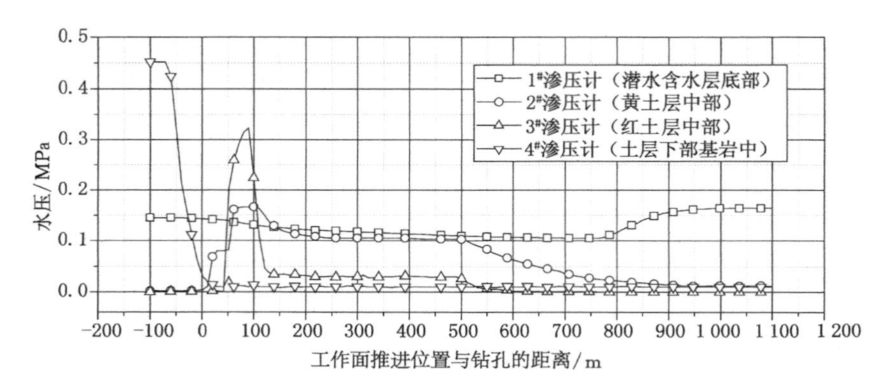

图 5-8　采动过程中监测位置水压的动态变化

度较小，约为 0.000 2 MPa/d；随着工作面继续向前推进，水压持续下降且速度逐渐增大；直至推过钻孔 21 m 时，水压明显下降，下降速度较之前明显增大；在工作面推过钻孔 21～52 m 范围内，水压持续下降，下降速度基本保持稳定，约为 0.000 8 MPa/d；工作面推过钻孔 52 m 时，水压陡降至 0.136 MPa，随着工作面的继续推进，水压保持匀速下降，下降速度约为 0.001 5 MPa/d；直至工作面推过钻孔 110 m 处，水压下降速度开始降低，且随着工作面的继续推进，下降速度持续降低；在工作面推过钻孔 248～500 m 范围内，水压下降速度再次处于相对稳定状态，约为 0.000 4 MPa/d；在工作面推过钻孔 500～786 m 范围内，水压下降速度逐渐减小，在 776 m 处水压降至最低值 0.105 MPa；随后水压快速恢复，最大速度达到 0.006 3 MPa/d，至工作面推过钻孔 862 m 时，水压已恢复至初始的 0.145 MPa；随后水压继续增大，至工作面推过钻孔 1 026 m 时，水压值增加到 0.164 MPa；继续推进，1# 渗压计处水压未发生变化。

② 2# 渗压计位置：工作面距离监测钻孔 −100 m 至推过钻孔 11 m 范围内，水压一直稳定在 0.002 MPa 左右，说明在未采动条件下该处黄土层与潜水存在一定的水力联系，原始状态下黄土层具有一定的透水性；当工作面推过钻孔 11 m 后，水压开始增大，随着工作面的继续推进，水压持续增大；当推过钻孔 30 m 时，水压达到 0.080 MPa，随后保持了暂时的稳定；当工作面推过钻孔52 m 时，水压突然增大至 0.165 MPa，随后有轻微的波动但平均值未发生明显变化；直至工作面推过钻孔 110 m 处，水压开始下降，整个下降过程下降速度呈先快后慢的趋势；在工作面推过钻孔 248～500 m 范围内，水压相对稳定，平均为 0.105 MPa；工作面推过钻孔 500 m 后，水压再一次下降，下降速度较前一次偏慢；至工作面推过钻孔 947 m 时，水压值下降至 0.012 MPa，随着工作面的继续推进，水压未发生明显的变化。

③ 3# 渗压计位置：自监测开始至工作面推过钻孔 52 m 范围内，水压基本保持为 0，期间有几处小的波动；直至工作面推过钻孔 52 m 时，水压突然增大至 0.220 MPa，随着工作面的继续推进，水压快速增大；推过钻孔 80 m 时，水压达到最大值 0.323 MPa，随后逐渐减小，减小过程中水压下降速度呈先快后慢的趋势；工作面推过钻孔 362 m 时，水压已降至 0.03 MPa，且随后一段时间内保持相对稳定；在工作面推过钻孔 510 m 时水压再次开始降低，直至推过钻孔 797 m 左右，水压恢复至初始状态"0"。

④ 4# 渗压计位置：在工作面距离监测钻孔 −100～−60 m 范围内，水压稳定在 0.452 MPa 左右；自工作面距离监测钻孔 −60 m 后，水压开始下降，下降速度很快；至工作面推过钻孔 11 m 时，水压已下降至 0.020 MPa；随着工作面的继续推进，水压呈下降趋势，至工作面推过钻孔 30 m 处水压下降至 0.010 MPa，随后基本保持稳定，但在工作面推过钻孔 52 m 时发生一次明显的波动。

根据以上分析可知，基岩承压含水层在监测开始时原始水压为 0.452 MPa，在工作面距离钻孔 −60 m 处，基岩水向前方采空区补给，该含水层最先发生漏失。潜水含水层最初水位埋深约为 2.5 m，在工作面距离钻孔 −50 m 时开始漏失，此时主要是发生侧向补给；随后，在工作面推过钻孔 11 m 与 52 m 处，水位发生两次明显的下降；黄土层与红土层内水压值分别在相对应的位置发生变化，说明潜水含水层水位的后两次明显下降的主要原因是土层隔水性的变异。在工作面推过钻孔约 800 m 处，潜水含水层水位下降达到最大值，为 4.0 m 左右。在此之前潜水含水层水位的下降速度有一次明显的减小且在 800 m 以后水位逐渐恢复，在此期间土层的隔水性已有一定程度的恢复。最终，潜水含水层水位在工作面推过钻孔约 1 000 m 处相对稳定，此时渗压计处的水压达到 0.164 MPa，说明此时潜水含水层厚度较采前增大了近 2.0 m，这主要是地面沉降造成的影响。

黄土层与红土层中渗压计处水压的变化具有明显差异。最初黄土层中渗压计处有较小的水压值 0.002 MPa，而红土层中的初始水压值为 0；说明天然状态下红土层的隔水性较黄土层要好。随着工作面向钻孔位置推进，黄土层中渗压计数值率先发生变化，而此时工作面尚未推至钻孔，这可能是由于地面拉张裂缝造成黄土层渗透系数的增大或者前方采空区上覆地层红土层缺失而发生侧向补给。在工作面推过钻孔 21 m 时，红土层中渗压计处水压明显增大，说明此时红土层与潜水含水层已存在水力联系，隔水性较差。在工作面推过钻孔约 110 m 处，红土层中水压明显下降，说明此时红土层隔水性开始恢复；在工作面推过钻孔 362 m 处，红土层中的水压达到暂时的稳定，此时红土层隔水性已基本恢复。

在工作面推过钻孔 776 m 以后，潜水含水层水压开始恢复，说明此时黄土层的隔水性已经恢复到一定程度；此时黄土层中的水压也处于下降状态，直至工作面推过钻孔 947 m 处，黄土层水压稳定在 0.012 MPa，说明此时黄土层隔水性已基本恢复。

综合来看，采动过程中黄土层与红土层的隔水性均表现出“降低—恢复”的动态过程，降低表现为瞬时，而恢复需要一定的时间。从最终稳定的水压值的大小来看，红土层隔水性基本恢复至初始状态而黄土层尚未恢复，但已能够阻隔上覆潜水的漏失。从红土层与黄土层内水压增大时潜水含水层水位下降的程度上看，红土层隔水性的降低对潜水含水层水位的影响较黄土层要大得多，红土层为潜水漏失的关键隔水层。从恢复的时间上看，红土层隔水性在工作面开采约 300 m 的时间内基本恢复，而黄土层隔水性从降低到基本恢复需要工作面开采约 1 000 m 的时间，明显较红土层慢。

5.2 损伤裂隙岩体渗透性演化规律试验研究

当潜水含水层下覆隔水土层缺失或厚度不足时，渗透系数较低的岩层将成为阻止潜水漏失的唯一隔水层。采空区上覆裂隙岩体随着开采距离及时间的增加其自重应力状态将逐渐恢复，渗透系数也随之减小。利用法国 TAW-1000 岩石伺服岩石力学试验系统对 3 种岩性岩石的预制损伤裂隙岩石样品(模拟非贯通裂缝带内岩石)进行三轴蠕变渗透性试验。研究了采后非贯通裂隙岩体的渗透性恢复规律。测试与分析了泥质砂岩、粉砂岩与细砂岩在 1～5 MPa 应力恢复等级下的渗透性变化情况。

5.2.1 试验样品与设备

(1) 试验样品

本次试验的岩石样品取自金鸡滩煤矿 2^{-2}煤层上覆完整基岩的上部。岩样共包括 3 组，分别对应细砂岩、粉砂岩与泥质砂岩 3 种覆岩主要岩性，每组 5 个，共计 15 个，每组包括 1 个备用样品。根据国际岩石力学学会的建议，将岩芯样品加工成直径 50 mm、高 100 mm 左右的圆柱体，如图 5-9 所示。

试验所用细砂岩、粉砂岩和泥质砂岩样品的平均干密度分别为 2 395.21 kg/m^3、2 406.30 kg/m^3 和 2 385.63 kg/m^3。根据 XRD 测试结果，试验样品的岩石矿物主要包括长石、石英、蒙皂石、伊利石、方解石和火山碎屑。表 5-2 列出了 9 个用于渗透性演化规律试验样品的主要物理力学参数及其对应位置。试验前需要将标本放入 105 ℃烘箱中烘干 24 h，除去杂质；然后将标本放入真空中冷却 24 h。

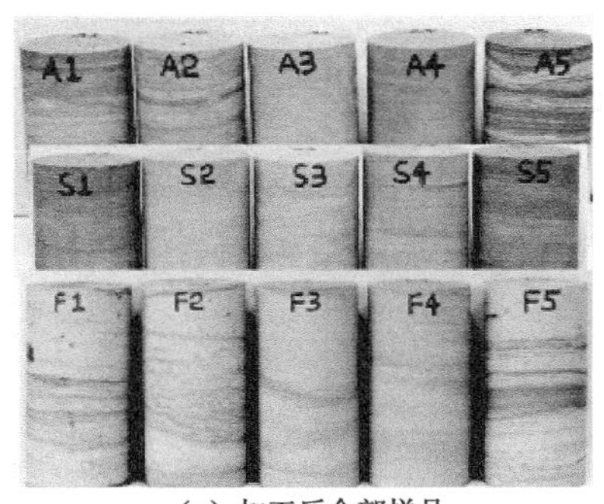

(a) 加工后全部样品

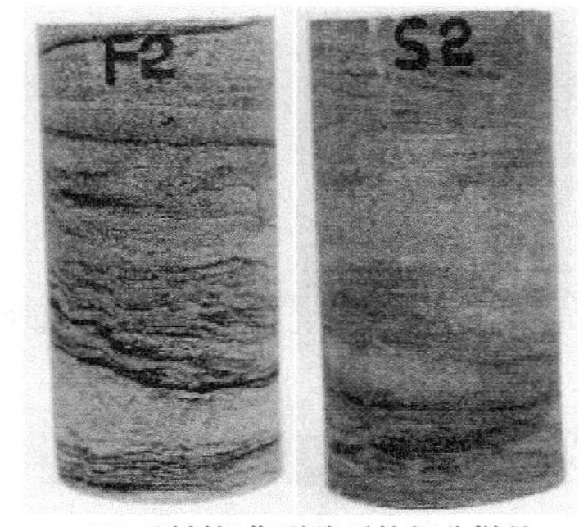

(b) 预制损伤裂隙后的部分样品

图 5-9 渗透性试验岩石样品

表 5-2 渗透性演化规律试验的样品物理力学参数及其对应位置

样品编号	高度/mm	直径/mm	质量/g	干密度/(kg/m³)	黏土含量/%	对应非贯通裂缝带位置
F1	99.26	49.57	458.88	2 395.51	28.3	上部
F2	100.05	49.57	462.88	2 397.31	31.2	中部
F3	99.63	49.33	455.63	2 392.82	29.6	下部
S1	97.92	49.48	453.04	2 406.11	32.5	上部
S2	99.96	49.58	464.61	2 407.46	34.9	中部
S3	98.73	49.59	458.67	2 405.32	32.7	下部
A2	100.82	49.58	464.77	2 387.75	44.9	上部
A4	99.89	49.40	456.66	2 385.21	40.1	中部
A5	100.79	49.58	463.89	2 383.94	39.0	下部

注:表中 F、S、A 分别代表细砂岩、粉砂岩、泥质砂岩。

(2) 试验设备

在本次试验中,采动损伤裂隙岩体渗透性演化规律试验在法国岩石全自动三轴压缩流变测试系统上进行。该系统主要由加载系统、恒稳压装置、液压传递系统、压力室装置、液压系统和自动数据采集系统 6 个部分组成,如图 5-10 所示。其中,三轴压力室可以提供 60 MPa 的围压和 400 MPa 的偏应力,压力传感器的分辨率可以达到 0.01 MPa。该系统可以进行高围压与高水压条件下的恒定水头下的瞬态脉冲渗透性试验与稳态渗透性试验。蒸馏水或纯氮气可以作为渗透性测试的流体,本次试验选择蒸馏水。当岩石渗透率在 $10^{-18}\sim10^{-12}$ m² 的时候,该系统可以提供可靠的测量结果。伺服控制的流体泵能产生高达 40 MPa

的孔隙压力。此外,可以通过调节孔隙流体泵来控制上游和下游的流体压力。因此,根据测试要求,该系统可以提供在恒定流体压力或恒定流量下的渗透性测试条件。

图 5-10　岩石全自动三轴压缩流变测试系统

该设备可利用计算机和机器人操作,执行控制测试和数据采集与分析,确保试验分析的安全、及时、准确。该设备可用于静水压力试验,排水或不排水条件下的常规三轴压缩试验、三轴渗流试验、三轴蠕变试验和化学腐蚀试验等。

5.2.2　试验方法与过程

为模拟预制非贯通裂缝带内岩石的采动损伤裂隙,对岩石进行了三轴卸载损伤,从图 5-9(b)可知,损伤后的岩样未发生明显变形或破坏,具体步骤如下:

① 模拟采动损伤效应,对 3 种岩性的岩石样品分别进行卸载试验,获取对应岩石样品的应力-应变特征曲线。

② 根据卸载应力-应变曲线,在 TAW-1000 岩石伺服岩石力学试验系统上,对应如图 5-11 所示的曲线特征点,利用位移控制分别对岩石样品进行卸载试验,从而对不同岩性的岩石预制对应非贯通裂缝带不同位置的裂隙。

③ 对上一步得到的损伤岩样进行渗透性测试,并与现场压水试验的结果进行对比分析,将异常样品剔除,预制损伤裂隙结果如表 5-2 所列。

三轴蠕变渗透性试验前,先将试验岩石样品密封在一个 3 mm 厚的橡胶套内,然后完成样品的组装。随后,在岩样的两端分别插入多孔透水板,以保证试验过程中施加的孔隙压力均匀分布于样品的两端。测试过程中,利用 2 个 LVDT 位移传感器测量岩石的轴向位移,而环向位移传感器紧包在橡胶护套的中部。考虑温度对岩石变形和渗流的影响,蠕变渗透性试验均在室温(25 ℃±

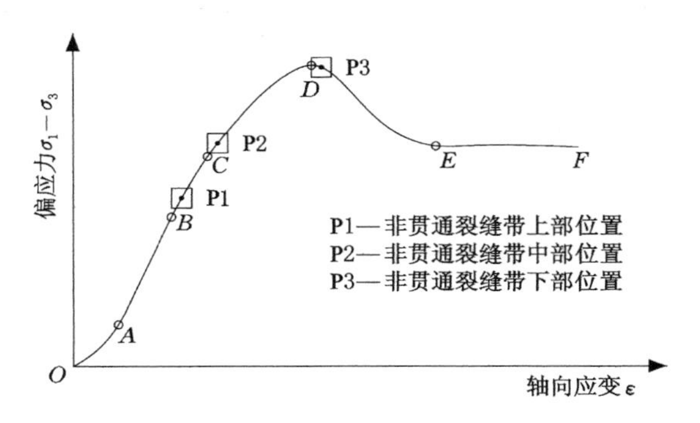

图 5-11　应力-应变曲线及其特征点示意图

2 ℃)条件下进行。

损伤裂隙岩石蠕变渗透性变化特征试验具体步骤如下：

① 以 1 MPa/min 的速度对试样施加围压，直至达到预设值。此阶段的轴向应力随围压成比例增加，试样处于各向同性的应力状态，即零偏应力状态。

② 对岩样施加 0.2 MPa 的静水压力进行饱和处理，随后增加孔隙压力，直至增加到恒定值 P_0，并保持稳定不变，这意味着上游压力 P_1 和下游压力 P_2 已处于平衡状态。这一步骤是确保流体处于单相流动状态的必要条件。

③ 在轴向荷载控制条件下垂向应力与水平应力以 1 MPa/min 的速度增加，直至达到每个选定的应力水平；达到限定值后保持围压及轴压不变，待试样变形稳定后，测试该状态下的渗透系数。针对样品渗透系数较低的特点，采用瞬态脉冲法。

④ 逐级加载，直至达到下一个选定的应力水平，重复步骤③直到实验结束。加载条件中各向应力相同，每组测试包括从 1 MPa 到 5 MPa 共 5 个水平。

5.2.3　试验结果与分析

瞬态脉冲渗透性试验是在上下游孔隙压力平衡的状态下开始的，测试开始时 P_1 保持平衡状态的压力 P'_1 不变，而 P_2 的平衡状态压力 P'_2 被瞬间降低一个很小的值 δP(小于 $P_2\times10\%$)到 P_2。封闭并固定压力容器的体积，这样试样两端就产生了一个压差，水流沿着垂直方向经过试样从上游容器进入下游容器，可简化为一个一维饱和渗流问题。

这个渗流问题的初始条件为：

$$\begin{cases}P(z=L,t=0)=P'_1\\P(z<L,t=0)=P'_2\end{cases}\tag{5-4}$$

边界条件为：

$$\begin{cases} \frac{kA}{\mu}\frac{\partial P}{\partial z}\bigg|_{z=L} = -C_1\frac{\partial P_1}{\partial t} \\ \frac{kA}{\mu}\frac{\partial P}{\partial z}\bigg|_{z=0} = C_2\frac{\partial P_2}{\partial t} \end{cases} \tag{5-5}$$

在渗流发生期间，上端压力 P_1 的减小与下端压力 P_2 的增大，每 5 s 被记录一次直至达到一个新平衡。样品的渗透系数可以利用下面的方程进行计算：

$$K = \frac{\mu L}{A\Delta t}\frac{C_1 C_2}{C_1 + C_2}\ln\frac{\Delta P_t}{\Delta P_{t+\Delta t}} \tag{5-6}$$

式中　K——试样的渗透系数，由试样上下端的压力变化速率决定，cm/s；

Δt——数据点对应的时间间隔，s；

$\Delta P_t, \Delta P_{t+\Delta t}$——压差曲线上 2 个控制点的压差，Pa；

C_1，C_2——上游和下游容器体积，此次试验中分别为 17.6 mL 和 20.5 mL；

A——试样的横截面积，cm^2；

L——试样的高度，cm；

μ——液体的动力黏度，在施加孔隙压力下常温蒸馏水取 1.01×10^{-3} Pa·s。

对应每个位置和岩性的试样，在每一级加载后轴向应变与体积应变均表现出瞬时的压缩变形，然后为流变变形。随着荷载的增加，对应于各级加载水平的瞬时压缩变形量逐渐减小，相同荷载增量条件下的流变变形量逐渐递增，流变现象越来越明显。这意味着非贯通裂隙岩石在应力恢复初期经历了较大的变形，即裂缝闭合较为明显，直至岩石体积稳定后后期变形较小。此外，相同岩性的试件在相同荷载作用下，对应非贯通裂缝带下部的岩样表现出更大的瞬时压缩变形。这表明其采动裂隙的宽度和密度较大，在应力恢复过程中导致了更大程度的裂缝闭合。对应相同位置的试件在相同荷载作用下，细砂岩比粉砂岩和泥质砂岩表现出更大的变形，主要是由于其裂缝宽度和力学性质的不同造成的。由于泥质砂岩中含有丰富的黏土矿物质，且以蒙脱石和伊利石为主，泥质砂岩比同等条件下的粉砂岩和细砂岩的可压缩能力更强。但是该压缩作用产生的压缩量比裂缝闭合产生的压缩量要小得多。

随着围压的增大，岩石的渗透系数逐渐降低，图 5-12～图 5-14 给出了岩体渗透系数与围压的关系。由图可知，随着围压的增加，渗透系数下降的过程具有明显的非线性特征。可用非线性指数函数衰减模型来描述三轴压缩条件下的岩石渗透性的变化特征。该模型可用以下方程式表示：

$$K = \alpha e^{-\beta\sigma} \tag{5-7}$$

式中　K——损伤岩石的渗透系数，cm/s；

σ——试验加载的应力；

α,β——待定系数,表 5-3 列出了不同条件下待定系数的取值。

图 5-12 显示了不同采动损伤程度(对应非贯通裂缝带的不同位置)的细砂岩在应力恢复过程中渗透系数的变化。由图可知,随着恢复应力的增加,对应任何位置的细砂岩渗透系数均呈降低的趋势,并在围岩为 4 MPa 时达到相对稳定的状态。在整个下降过程中,模拟非贯通裂缝带下部的细砂岩试件的渗透系数下降幅度最大,从 4.33×10^{-4} cm/s 下降至 2.88×10^{-5} cm/s,降低了 93.35%。对应于非贯通裂缝带上部与中部位置,细砂岩的渗透系数最终分别稳定在 1.721×10^{-5} cm/s、1.091×10^{-5} cm/s,较损伤后的初始渗透系数分别下降了 91.67%、88.25%。图 5-13 和图 5-14 表明采动损伤粉砂岩和泥质砂岩的稳定渗透系数均随着围压的增大而逐渐减小,与细砂岩相似。

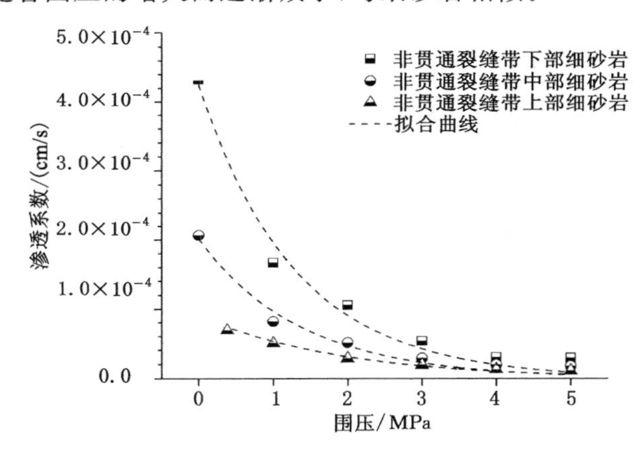

图 5-12　细砂岩渗透系数与围压的关系曲线

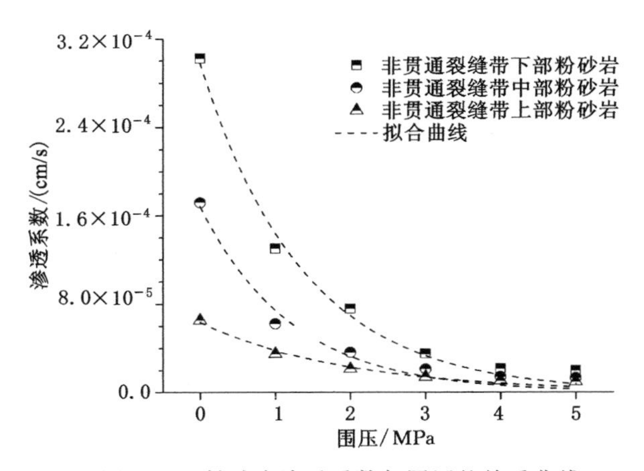

图 5-13　粉砂岩渗透系数与围压的关系曲线

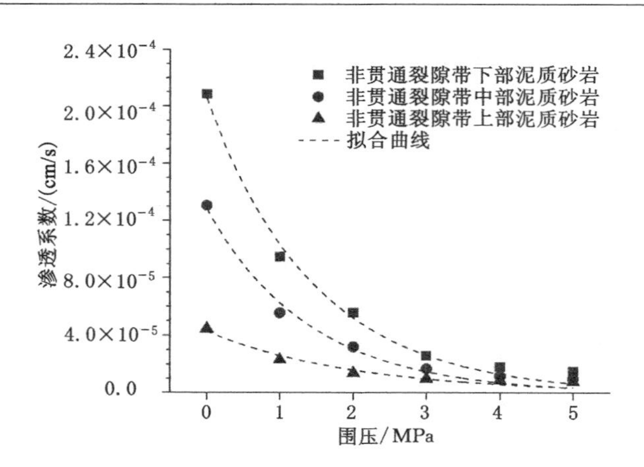

图 5-14　泥质砂岩渗透系数与围压的关系曲线

表 5-3　渗透系数与围压关系的拟合参数

岩样编号	对应非贯通裂缝带位置	α/($\times 10^{-5}$)	β	统计参数	
				残差平方和/($\times 10^{-10}$)	R^2
F1	上部	9.115	0.546	0.496	0.987
F2	中部	20.176	0.734	5.362	0.974
F3	下部	42.463	0.772	17.859	0.981
S1	上部	6.342	0.505	0.443	0.975
S2	中部	16.826	0.819	3.965	0.973
S3	下部	2.981	0.730	4.396	0.990
A2	上部	4.270	0.491	10.456	0.958
A4	中部	12.824	0.719	3.128	0.985
A5	下部	20.548	0.687	1.969	0.991

注：表中 F、S 与 A 分别代表细砂岩、粉砂岩和泥质砂岩。

当应力恢复到 5 MPa 时，所有样品的渗透性均处于稳定状态，对应非贯通裂缝带上部泥质砂岩和粉砂岩的渗透系数均已恢复到了开采前的水平，然而非贯通裂缝带下部泥质砂岩和粉砂岩的渗透系数仍较大。在应力恢复过程中，岩石的损伤程度对渗透系数的恢复存在明显的控制作用。采动损伤程度越小，应力恢复后的岩石渗透系数越小，恢复程度越大，越接近完整状态；采动损伤程度越大，破坏程度越大，渗透系数恢复程度越小。

在应力恢复过程中，非贯通裂缝带内岩石的渗透系数恢复曲线不仅受岩石的损伤程度控制，还与岩石的岩性密切相关。未对损伤岩样施加恢复应力时，泥质砂岩的渗透系数约为粉砂岩的 0.7 倍、细砂岩的 0.5 倍。随着加载量的增大，细砂岩的递减幅度最大，其次为粉砂岩，泥质砂岩的递减幅度最小。但在同一恢复应力条件下，细砂岩的渗透系数始终保持最强，而泥质砂岩的渗透系数始终保持最弱。结果表明，在应力恢复条件下，细砂岩渗透性对应力恢复的敏感性最大，泥质砂岩渗透性对应力恢复的敏感性最小。与采前现场压水试验结果对比，当渗透系数恢复至稳定状态时，对应非贯通裂缝带上部的不同岩性(细砂岩、粉砂岩、泥质砂岩)试件渗透系数均恢复至采动前的水平，分别为采前原始渗透系数的 1.38 倍、1.45 倍、1.41 倍。对应非贯通裂缝带中部的预制损伤细砂岩、粉砂岩和泥质砂岩的渗透系数分别恢复至采前原始渗透系数的 2.17 倍、1.98 倍、1.80 倍；对应非贯通裂缝带下部的预制损伤细砂岩、粉砂岩和泥质砂岩的渗透系数恢复程度最低，分别为采前原始渗透系数的 3.63 倍、3.01 倍、2.74 倍。

综上所述，随着损伤程度的增加，损伤裂隙岩体渗透性恢复的程度越低；不同岩性损伤裂隙岩体的渗透性恢复程度存在“泥质砂岩＞粉砂岩＞细砂岩”的关系。

5.3 不同厚度与水压条件下土层渗透性试验研究

隔水土层的渗透系数是分析、评价潜水漏失的重要参数，一般通过现场压水试验与室内常(变)水头试验获取。现场压水试验受人为因素与设备精度限制，其结果的准确性无法得到保证；而常(变)水头试验的试样尺寸较小，获取的结果往往与实际相差很大。为此，一套大尺寸(最大高度 2 m)变水头土层渗透性测试试验装置被研制，并对土层厚度与水压对土层渗透系数取值的影响进行了研究。

5.3.1 试验装置制作

为获得准确的土层渗透参数，针对研究区隔水土层低渗透性的特征，设计了一套大尺寸变水头土层渗透性测试试验装置(图 5-15)。该设备主要由稳压输出系统、可调节试验仓、观测系统与支架 4 部分组成，具体分述如下：

(1) 稳压输出系统

该系统主要由高压水泵、稳压箱与溢流阀构成。高压水泵可以提供 0～10 MPa的高压水源，高压水源通过 PVC 输水软管进入稳压箱；稳压箱调节因脉冲作用造成的水压不稳定状况，保持稳定的输出水压；稳定水压进入溢流阀后释放出多余的水压，保证输出水压与设计值一致，溢流阀的精度可达到 0.01 MPa。

(2) 可调节试验仓

试验仓主要由透水石、多孔透水板与无缝钢管构成。透水石主要起到控制调节试件高度与透水的作用；多孔透水板位于试验样品的两端，不仅可以保证水压均匀分布于样品的两端，还能起固定土样，防止土颗粒随高压水流溢出的作用。

(3) 观测系统

观测系统主要由电子水压计与电子流量计构成。试验仓两侧分别安置 1 个电子水压计与 1 个电子流量计,如图 5-15 所示。电子水压计与电子流量计的精度分别为 1%和 0.1%。

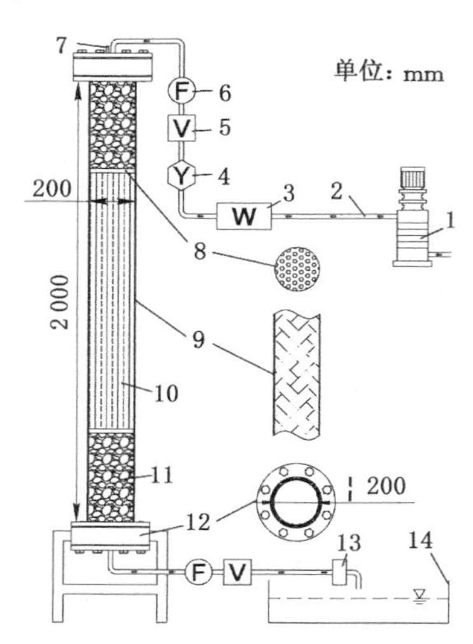

1—高压水泵;2—PVC 输水软管;3—稳压箱;4—溢流阀;
5—电子水压计,精度 1%;6—电子流量计,精度 0.1%;7—出气孔;
8—多孔透水板;9—无缝钢管,内壁预制高密度螺纹;10—测试土样;
11—透水石;12—法兰;13—水阀;14—水池。

图 5-15 大尺寸变水头土层渗透性测试试验装置

(4) 支架

支架利用不锈钢制作,具有较高的强度,足以支撑试验装置并能够有效地防止在装置上的倾斜,保证试验过程中设备的稳定性。支架底部留有足够操作高度,以便进行水压与流量的测量。

利用该试验装置可实现不同水头压力和不同厚度工况下的原状土或重塑土的渗透性测试,具体试验原理为:将蒸馏水作为流体,经过稳压输出系统处理后提供稳定的某一设定水压;在出气孔打开,水阀关闭的情况下,在水压作用下将设备中的部分气体排出,随后关闭出气孔,调整水阀开口大小,对试验土层进行饱和处理,直至 2 个电子流量计的读数相同或相近且保持稳定,下端水压计读数稳定;将下端流量计读数置零,进行渗透性测试,在测试期间记录流量计的读数并观察水压的变化,记录间隔与测量次数根据试验要求进行设定;根据试样的尺寸与流量利用达西定律求得土层在不同工况下的渗透系数。

5.3.2 试验设计与过程

利用上述加工完成并调试成功后的试验装置对不同水压和不同厚度下红土层与黄土层的渗透性进行测试。测试土样取自金鸡滩煤矿,取样现场如图 5-16 所示。为分析不同水压与不同土层厚度条件下土层的渗透系数的变化,本书分别对红土层与黄土层共进行了 6 组不同厚度(200 mm、400 mm、600 mm、800 mm、1 000 mm、1 200 mm)的试验,每组试验中的水压包括 5 个等级(0.2 MPa、0.4 MPa、0.6 MPa、0.8 MPa、1.0 MPa)。

图 5-16 原状土取样现场

试验过程可分为以下 7 个步骤:

① 根据试验仓的尺寸与设计的试件高度制作高为 H_i、直径为 200 mm 的圆柱形土样;根据试验土样的高度确定试验仓两端透水石的高度。

② 根据确定的高度依次向试验仓装入下端透水石、多孔透水板和土样;待土样装入并压实后将上端多孔透水板与透水石依次装入,拧紧试验仓两端的法兰,完成试验仓部分的组装。

③ 打开高压水泵,通过调节水阀与出气口,利用水压将实验装置中的空气排出,待完成后关闭出气口与水阀。

④ 对土样进行饱和处理,待 2 个水压计读数一致时调节水阀以容许少量的水流出,直至两端流量计读数稳定且相同或相近。

⑤ 根据设定的水压大小调整溢流阀的阈值,记录试验过程中流量计与水压计的读数,记录间隔为 1 min,记录试验数据不少于 10 组。

⑥ 调整水压值(由小到大),进行同一厚度土层在不同水压下的渗透性测试。

⑦ 待 5 个等级水压下的渗透性测试均完成后,对其他厚度的土样进行测试,重复步骤①~⑥,直至所有试件测试完成。

5.3.3 试验结果与分析

不同厚度的土层在不同水压下的流量被记录，剔除数据中的异常点后对剩余数据做平均处理，得到了30种工况下的流量。基于达西定律，根据采集时间间隔、流量计读数、试验仓两端水压差及试件尺寸，利用式(5-8)可以计算得到不同工况下的土层渗透系数：

$$K = \frac{\rho g H Q}{(P_1 - P_2) A \Delta t} \tag{5-8}$$

式中 K——土层的渗透系数，cm/s；

ρ——水的密度，kg/m^3；

g——重力加速度，N/kg；

Q——记录间隔时间内经过下端流量计的水量，L；

H——试件的高度，mm；

P_1，P_2——上下端电子水压计的读数，MPa；

A——试件的截面积，mm^2；

Δt——数据记录的时间间隔，s，在本次试验中为60 s。

利用式(5-8)对不同水压和不同厚度下的土层渗透系数进行计算，并将其单位换算成m/d，具体结果如表5-4所列。

表5-4 不同水压和不同厚度下的土层渗透性测试结果

试件高度/mm	不同水压下红土层渗透系数/(m/d)					
	0.2 MPa	0.4 MPa	0.6 MPa	0.8 MPa	1.0 MPa	平均
200	0.003 03	0.003 12	0.003 20	0.003 23	0.003 26	0.003 17
400	0.002 78	0.002 89	0.002 97	0.003 02	0.003 05	0.002 94
600	0.002 65	0.002 72	0.002 78	0.002 85	0.002 88	0.002 78
800	0.002 54	0.002 61	0.002 66	0.002 71	0.002 72	0.002 65
1 000	0.002 46	0.002 53	0.002 56	0.002 59	0.002 60	0.002 55
1 200	0.002 44	0.002 48	0.002 52	0.002 54	0.002 55	0.002 51
试件高度/mm	不同水压下黄土层渗透系数/(m/d)					
	0.2 MPa	0.4 MPa	0.6 MPa	0.8 MPa	1.0 MPa	平均
200	0.005 54	0.007 89	0.009 36	0.010 06	0.010 89	0.008 75
400	0.005 32	0.006 91	0.008 62	0.009 40	0.010 12	0.008 07
600	0.005 17	0.006 37	0.007 67	0.008 83	0.009 42	0.007 49
800	0.005 10	0.005 94	0.006 84	0.007 87	0.008 44	0.006 84
1 000	0.005 05	0.005 75	0.006 40	0.007 21	0.007 69	0.006 42
1 200	0.005 03	0.005 57	0.006 13	0.006 89	0.007 35	0.006 19

根据试验结果可以看出，随着水压与土层厚度的变化，土层的渗透系数也相应地发生变化。如图 5-17 与图 5-18 所示，随着土层厚度的增大，测得的渗透系数呈逐渐减小的趋势并且趋于平稳。如表 5-4 与图 5-17 所示，在土层厚度 200～1 200 mm 范围内，研究区 N_2b 红土层的渗透系数随着土层厚度的增大呈明显的下降趋势。在水压为 0.2 MPa 条件下，厚 200 mm 的红土层渗透系数为 0.003 03 m/d，厚 1 200 mm 的红土层渗透系数为 0.002 44 m/d，渗透系数降低了 19.47%。水压为 1.0 MPa 条件下，渗透系数的变化曲线趋于平缓，厚 200 mm 的红土层渗透系数为 0.003 26 m/d，厚 1 200 mm 的红土层渗透系数为 0.002 55 m/d，渗透系数降低了 21.79%。随着 N_2b 红土层厚度的增大，其渗透系数逐渐下降，当厚度达到 1 200 mm 时渗透系数约为初始值的 0.8 倍且趋于稳定。在土层厚度为 200 m 时，随着水压的增大，渗透系数增大的值不足 5%，随着土层厚度的增大水压对红土层的影响逐渐降低。类似于 N_2b 红土层，在试验厚度范围内，离石组黄土层的渗透系数随着土层厚度的增大也呈下降的趋势，且随着水压的增大其下降趋势逐渐明显。在水压为 0.2 MPa 条件下，随着土层厚度的增大，其渗透系数整体变化不明显，仅降低了 10%。而水压对红土层的渗透性影响较大，随着水压的增大其渗透系数最大增加了近 2 倍。

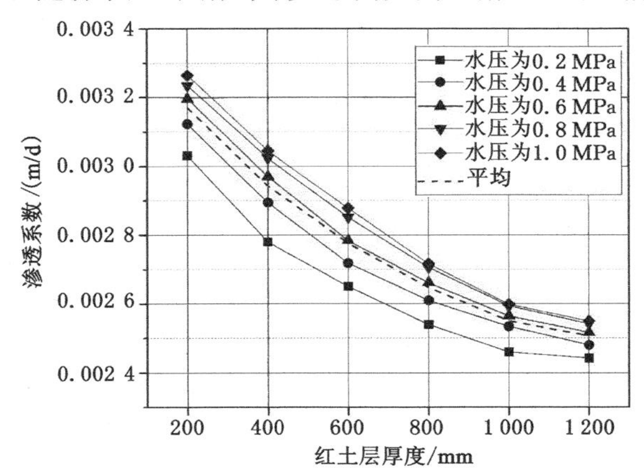

图 5-17　不同水压下 N_2b 红土层渗透系数随其厚度增大的变化曲线

综上所述，随着厚度的增大，土层的渗透系数呈下降趋势，土层厚度对红土层渗透系数的影响明显大于对黄土层渗透系数的影响。这可能是由于实际渗流路径并非是垂直于过水断面的直线而是随着土层厚度的增大呈近似幂函数增大的曲线。测试结果显示，随着厚度的增大，红土层与黄土层渗透系数分别降低了 19.47%～21.78%和 9.21%～34.51%，并均在厚度达到 1 200 mm 处趋于稳

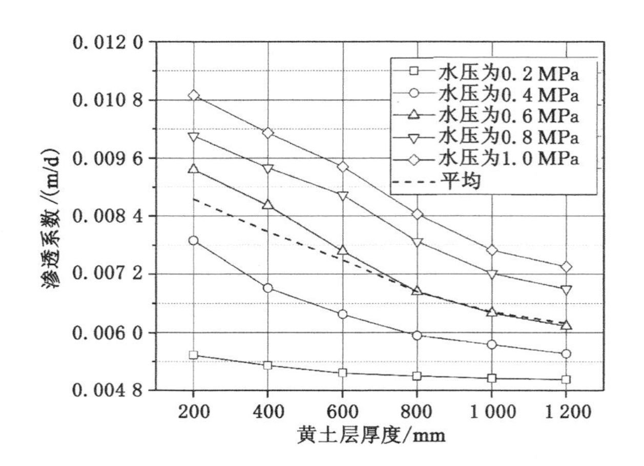

图 5-18　不同水压下离石组黄土层渗透系数随其厚度增大的变化曲线

定。随着水压的增大，土层的渗透系数呈上升趋势，水压对黄土层渗透性的影响明显大于对红土层渗透性的影响。这主要是因为红土层的渗流通道主要为土颗粒间的孔隙而黄土层的渗流通道包括孔隙与原生垂向裂隙，在水压作用下孔隙尺寸变化不明显而劈裂作用使原生裂隙得到进一步发展。测试结果表明，随着水压的增大，红土层的渗透系数基本保持不变，而黄土层的渗透系数最大可增加近 2 倍。

5.4　本章小结

利用现场压水试验、光纤动态监测、渗透性试验等，研究了采动损伤与应力恢复过程中裂隙岩体渗透性的变化，分析了采动过程中土层隔水性降低与恢复的动态变化过程；基于研发的试验装置获得了土层的渗透系数并分析了水压与土层厚度对红土层和黄土层渗透系数取值的影响，主要得到如下结论：

(1) 受采动影响，非贯通裂缝带内岩石的渗透系数发生明显变化，最大增幅达到 2 个数量级，渗透性等级由“微透水”变为“弱透水”甚至“中等透水”；岩石渗透系数增大的程度不仅与岩石的岩性也与其所在位置相关，非贯通裂缝带上部、中部和下部岩体的渗透系数大约是采前的 10 倍、20 倍和 40 倍。

(2) 采动过程中黄土层与红土层的隔水性均表现出“降低—恢复”的动态过程，降低表现为瞬时，而恢复需要一定的时间；红土层隔水性的降低对潜水含水层水位的影响较黄土层大，红土层隔水性在工作面开采约 300 m 的时间内基本恢复，而黄土层基本恢复需要开采约 1 000 m 的时间，采后红土层隔水性恢复的程度比黄土层高。

(3) 利用TAW-1000岩石伺服岩石力学试验系统模拟了采动应力恢复过程中损伤裂隙岩体的蠕变变形与渗透性的变化。结果表明,变形的大小主要与采动裂隙宽度、密度及岩石的性质相关,应力恢复过程中渗透系数的非线性下降可用非线性指数函数衰减模型 $K = \alpha e^{-\beta\sigma}$ 来描述,随着损伤程度的增加,损伤裂隙岩体渗透性恢复的程度降低;不同岩性损伤裂隙岩体的渗透性恢复程度存在"泥质砂岩＞粉砂岩＞细砂岩"的关系。

(4) 随着土层厚度的增大,土层的渗透系数呈下降趋势,土层厚度对红土层渗透系数的影响明显大于对黄土层渗透系数的影响;随着水压的增大,土层的渗透系数呈上升趋势,水压对黄土层渗透性的影响明显大于对红土层渗透性的影响,这为实际运用中渗透系数的合理取值提供了依据。

6 高强度开采条件下井下水害与地表生态环境响应关系

6.1 高强度开采条件下工作面概况

金鸡滩煤矿 103 工作面具有煤层埋深厚度小、开采强度高与工作面范围大的特点，位于一盘区东南部，如图 6-1 所示。煤层赋存厚度 8.86～12.87 m，平均约 10.00 m，倾角 0.3°～0.8°，埋深 231.90～279.56 m；拟采用综放全厚开采，最大开采厚度达 12.00 m，设计开采速度约为 10 m/d；工作面走向长 5 410 m，宽 300 m。工作面标高＋982.00(BK7 钻孔)～＋997.87 m(JB7 钻孔)，平均＋989.97 m，整体呈西南高、东北低的特征；地面标高＋1 229.80(BK7 钻孔)～＋1 264.80 m(D4 钻孔)，平均＋1 245.78 m。工作面相对地面位置无地表水系通过。101 工作面与 108 工作面为已开采工作面，根据 103 工作面附近长观孔资料显示，101 工作面开采期间对 103 工作面具有一定的影响，108 工作面采动过程中对 103 工作面基本无影响。

据钻孔揭露，103 工作面范围内 2^{-2} 煤层覆岩从下至上依次为：侏罗系中统延安组第五段和直罗组基岩、上新统保德组红土层、中更新统离石组黄土层、上更新统萨拉乌苏组和全新统沙层，如图 6-2 所示。

延安组第五段基岩厚 12.95(JB20 钻孔)～74.48 m(BK11 钻孔)，平均 58.36 m，岩性以灰白色中细粒长石岩屑砂岩为主，节理与裂隙均不发育。直罗组基岩厚 71.06(D4 钻孔)～159.26 m(JB20 钻孔)，平均 108.52 m，岩性以粉细砂岩为主，底部具有明显的冲刷痕迹，胶结疏松。煤层上覆基岩厚度 136.72(D4 钻孔)～185.45 m(BK11 钻孔)，平均 166.31 m。风化带为直罗组顶部风化后的产物，厚 23.00(BK7 钻孔)～46.12 m(JB12 钻孔)，平均 35.77 m，总体上呈东南部高、西北部低的特征。在工作面内保德组红土层不连续分布，厚 0～30.00 m(D4 钻孔)，平均 10.92 m，在工作面靠近开切眼位置发育厚度最大，沿着推进方

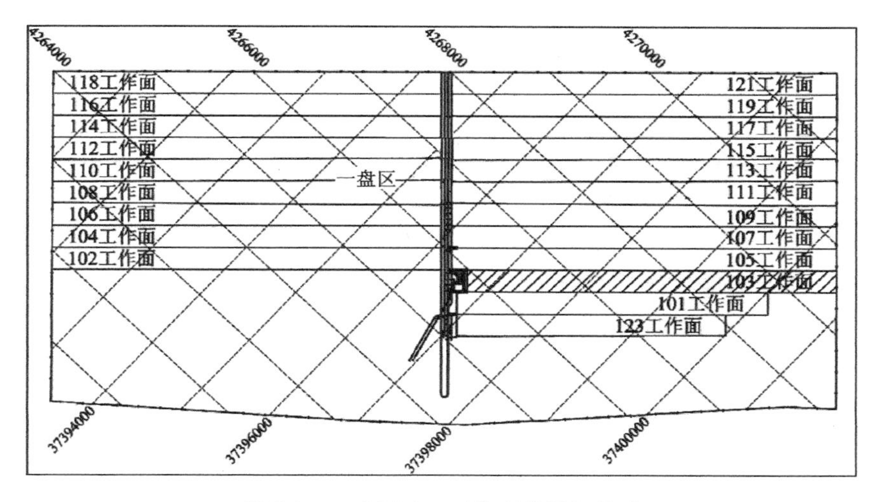

图 6-1 一盘区 103 工作面位置与尺寸

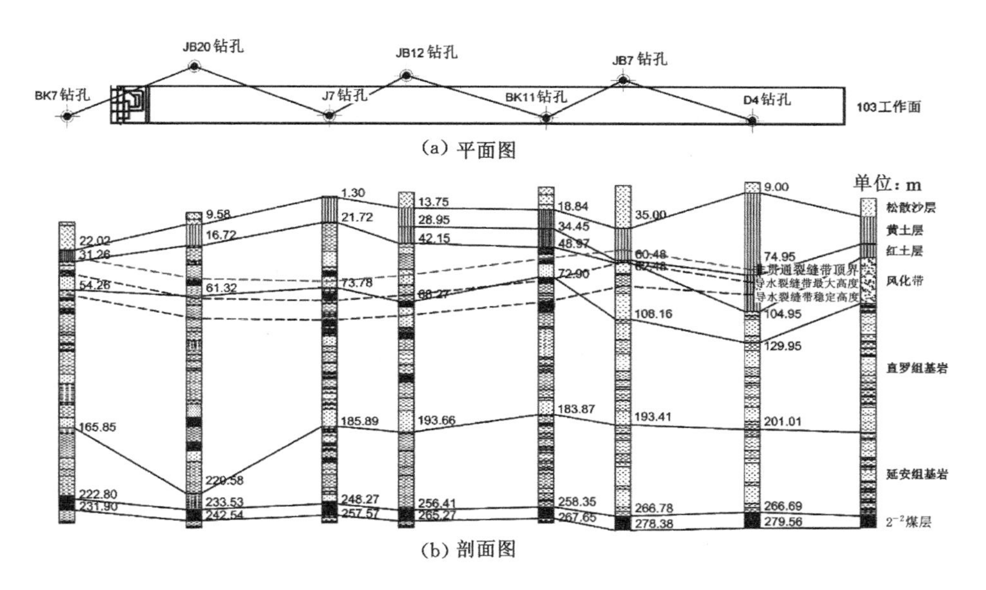

图 6-2 103 工作面地层岩性对比图

向厚度越来越小。黄土层分布较为稳定，仅在 JB20 钻孔处缺失，厚 0(JB20 钻孔)～65.96 m(D4 钻孔)，平均 20.29 m，总体上具有从东北至西南略有变薄的特征。潜水含水层厚度 1.30(J7 钻孔)～35.00 m(JB7 钻孔)，平均 15.64 m，水位埋深 0.50～4.60 m。

6.2 采动覆岩裂隙发育特征

6.2.1 导水裂缝带稳定高度与最大高度预计

根据光纤动态监测的结果，采动过程中导水裂缝带的最大高度一般为其稳定高度的1.1倍。在导水裂缝带稳定高度预计基础上，利用比例关系可得到最大高度。为准确预计103工作面高强度开采条件下导水裂缝带高度，本节利用了经验公式、相似材料模拟与数值模拟3种方法，具体如下：

（1）经验公式

现行规范中导水裂缝带的预计公式是根据大量东部矿区的实测资料通过统计分析得到的，其指导了东部矿区水下开采的防治水工作。根据前文的分析，陕北地区煤层开采覆岩导水裂缝带高度较现行规范预计值要大得多，使得现行规范中的经验公式的预计值与实际情况不符。在多因素分析与非线性回归分析的基础上，本书第四章给出了适用于陕北地区的经验公式(4-64)与公式(4-66)。以下利用该经验公式，对103工作面开采覆岩导水裂缝带稳定高度进行预计。

103工作面煤层开采高度为8.86～12.00 m，钻孔揭露覆岩统计范围内的硬岩岩性比例系数k为0.476～0.650，工作面设计推进速度为10 m/d，各钻孔处导水裂缝带稳定高度影响因素及预计结果如表6-1所列。

表6-1 经验公式法导水裂缝带稳定高度影响因素及预计结果

钻孔编号	开采高度/m	硬岩岩性比例系数k	推进速度/(m/d)	预计的导水裂缝带稳定高度/m	备注
BK7	9.10	0.650	10	174.08	基岩内完全发育
JB20	9.01	0.555		162.87	
J7	9.30	0.476		157.36	
JB12	8.86	0.596		165.50	
BK11	9.30	0.634		174.73	
JB7	11.60	0.612		197.21	
D4	12.00	0.617		188.30	土层中发育20.07 m

（2）数值模拟

为模拟103工作面开采覆岩导水裂缝带发育高度，利用RFPA软件建立了如图6-3所示的数值模型。模型高度和宽度分别为300 m和600 m，两侧分别留设150 m煤柱，模拟开采距离为300 m。模型两侧为水平位移约束边界，底部为垂直位移约束边界，上部为自由边界。模型中模拟煤层开采高度为设计最大开采高度 12 m，模型共开挖 30 步，每步模拟开挖距离为 10 m，与设计开采速度一致。

图 6-3　103 工作面开采覆岩破坏高度数值计算模型

在模拟开挖初期，采动覆岩裂隙基本不发育，直至模拟开挖至 60 m，煤层顶板岩层发生垮落，导水裂缝带开始发育，如图 6-4(a)所示；模拟开挖 100 m 时，导水裂缝带高度发育至 40.57 m，如图 6-4(b)所示；随着模拟开挖的继续，覆岩裂隙逐渐向上发育，模拟开挖 200 m 时，导水裂缝带高度发育至 173.66 m，如图 6-4(c)所示；在模拟开挖距离达到 250 m 时，覆岩裂隙高度发育至煤层顶板以上 192.48 m，随着工作面的继续开挖，覆岩裂隙高度不再向上发育，如图 6-4(d)所示。图 6-5 为模拟开挖过程中导水裂缝带发育高度随开挖距离的变化曲线。

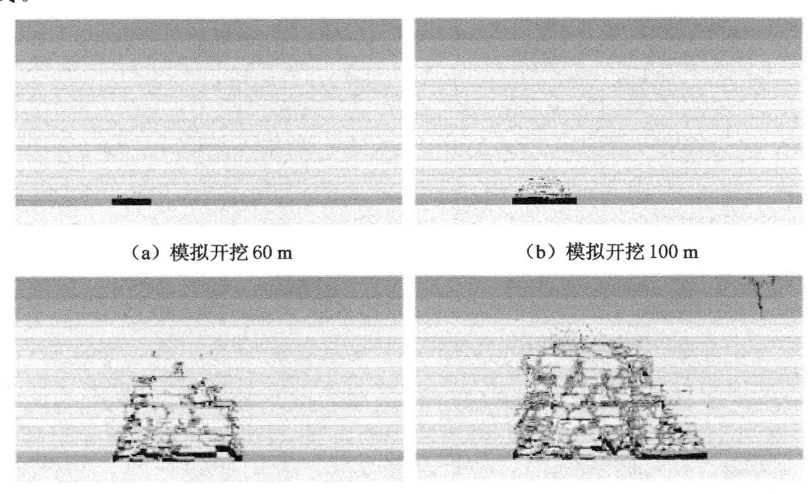

(a) 模拟开挖 60 m　(b) 模拟开挖 100 m

(c) 模拟开挖 200 m　(d) 模拟开挖 300 m

图 6-4　数值模拟开挖过程中裂隙发育特征

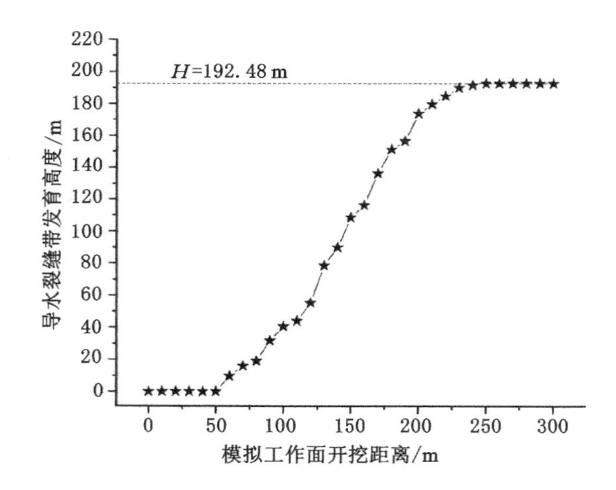

图 6-5　数值模拟工作面开挖过程中导水裂缝带动态发育高度

(3) 相似材料模拟

以 103 工作面为地质原型，按照 1∶200 的几何相似比例建立了相似材料模型。模型以砂为骨料，石膏、碳酸钙为黏结材料铺设，根据铺设岩层的抗压强度选择配比号，再根据模型的大小及岩层厚度计算出砂、石膏、碳酸钙和水的用量。模型各分层材料的用量可用式(6-1)进行计算：

$$Q = l \times b \times m \times \rho \times k \tag{6-1}$$

式中　l——模型的长度，m；

b——模型的宽度，m；

m——模型各分层的厚度，m；

ρ——相似材料的密度，kg/m^3；

k——材料损失系数，取 1.1。

模拟工作面推进长度为 320 m，开挖煤层厚度为 12 m。模型每次推进 5 cm，相当于实际每次开采 10 m。为消除边界条件的影响，模型两端分别保留 30 m 的边界煤柱。相似材料模拟工作面开挖过程中导水裂缝带动态高度如图 6-6 所示，发育过程如图 6-7 所示。

由图 6-6 可知，当模拟开挖到 20 m 时，煤层顶板开始出现细微离层；开挖到 60 m 时，离层裂隙加大；开挖到 80 m 时，顶部离层明显加大，离层继续向上缓慢发育；开挖到 120 m 时，工作面上部离层逐渐发育，上部岩层垮落；开挖到 140 m 时，在工作面开挖之前比较稳定，上部离层发育不明显，随着工作面的继续推进，顶板离层逐渐发育，开挖到 134 m 左右时，上部直接顶垮落；开挖到 160 m 时，上部离层发育明显，工作面开挖至 150 m 左右时，上部岩层垮落；开挖到 180 m

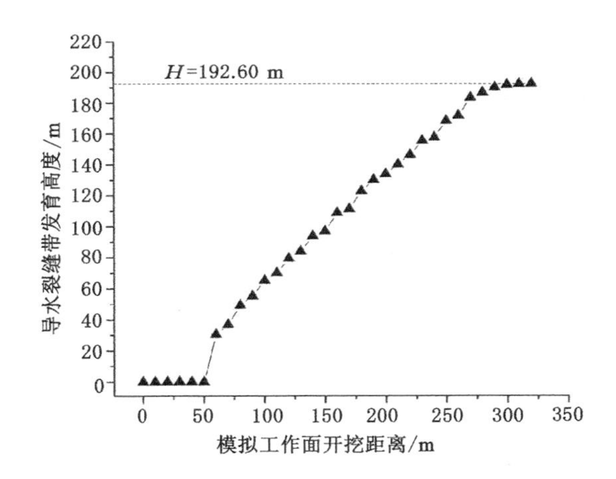

图 6-6 相似材料模拟工作面开挖过程中导水裂缝带动态高度

时，垮落带高度发育到 40 m 左右，裂隙发育到 123 m 左右；开挖到 200 m 时，垮落带高度发育到 41 m 左右，裂隙发育到 135 m 左右；开挖至 260 m 时，垮落带高度稳定在 41 m 左右，裂缝带高度发育到 170 m 左右；开挖至 280 m 时，垮落带高度稳定在 41 m 左右，裂缝带高度发育到 180 m 左右；开挖至 320 m 时，垮落带高度稳定在 41 m 左右，裂缝带发育高度稳定在 192.6 m。

（4）导水裂缝带高度综合确定

数值模拟与相似材料模拟的结果较为相似，导水裂缝带稳定高度分别为 192.48 m 和 192.60 m，均小于经验公式法预计结果中的最大值 197.21 m。数值模拟和相似材料模拟均未考虑煤层开采厚度、覆岩性质与结构的变化。综合考虑实际开采情况与生产安全，确定利用经验公式法预计结果，即稳定高度为 157.36～197.21 m。在煤层开采厚度较小时，导水裂缝带稳定高度均未发育至风化带，仅在靠近工作面开切眼位置的 JB7 钻孔与 D4 钻孔处，导水裂缝带发育至风化基岩甚至土层。根据导水裂缝带最大高度与其稳定高度的比例关系，进而确定导水裂缝带最大发育高度为 173.10～216.42 m。工作面大部分钻孔处的导水裂缝带最大高度已发育至风化带，JB7 钻孔与 D4 钻孔处均发育至土层。

6.2.2 非贯通裂缝带高度与分析

前文在现场实测与理论分析的基础上，提出了非贯通裂缝带的概念；基于金鸡滩煤矿 108 工作面“三带”探查钻孔的数据分析，得出非贯通裂缝带的高度为导水裂缝带稳定发育高度的 0.18～0.21 倍，平均为近 0.20 倍。此外为准确地预计非贯通裂缝带的高度还考虑了土层对裂隙发育的抑制作用。在 6.2.1 节分析的基础上，对非贯通裂缝带的高度进行了预计，具体结果如表 6-2 所列。

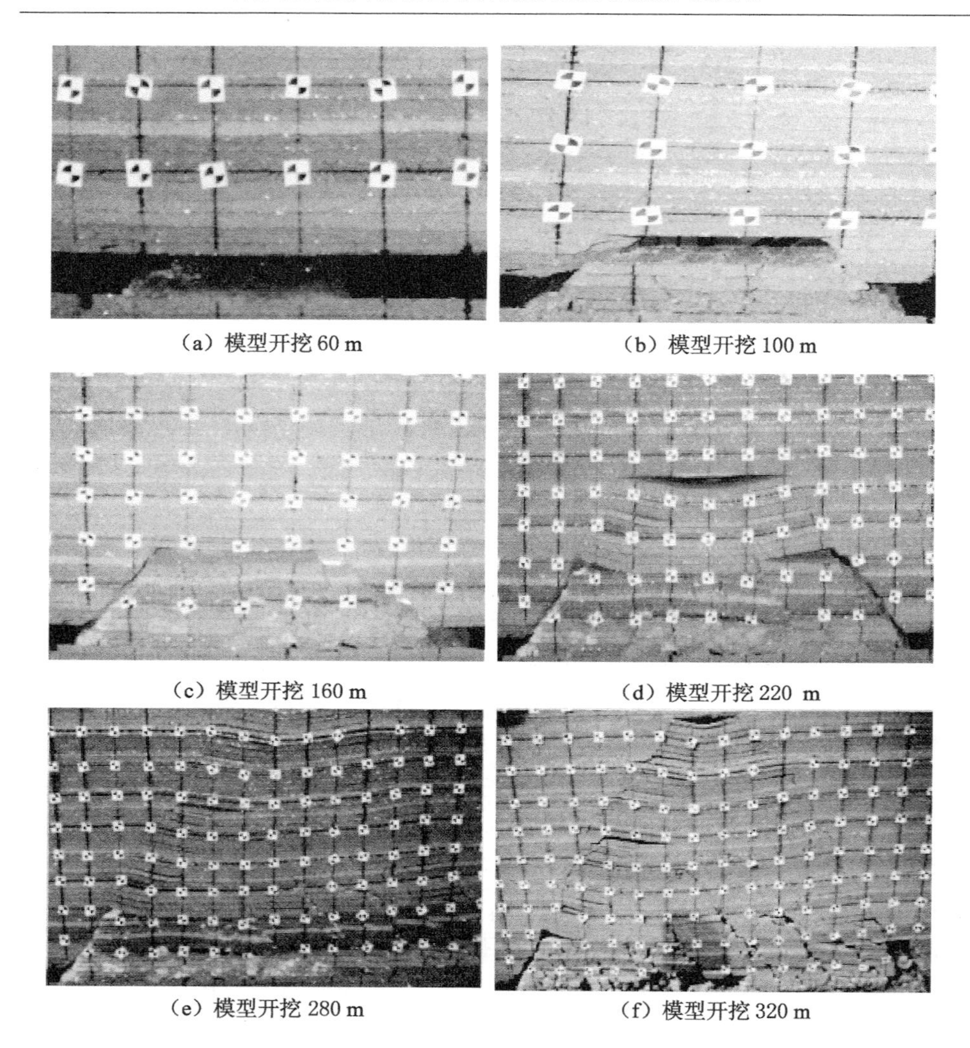

（a）模型开挖 60 m （b）模型开挖 100 m

（c）模型开挖 160 m （d）模型开挖 220 m

（e）模型开挖 280 m （f）模型开挖 320 m

图 6-7 相似材料模型模拟导水裂缝带发育过程

表 6-2 103 工作面钻孔处非贯通裂缝带预计高度、顶界高度及发育位置

钻孔编号	BK7	JB20	J7	JB12	BK11	JB7	D4
预计高度/m	30.60	32.57	31.47	33.10	34.95	29.07	20.20
顶界高度/m	204.68	195.45	188.83	198.60	209.68	226.28	208.50
发育位置	基岩-土	基岩	基岩	基岩	基岩	基岩-土	土

注：表中“顶界高度”指非贯通裂缝带顶界相对于煤层底板的高度。

根据表 6-2 的预计结果，将非贯通裂缝带的顶界面绘制在 103 工作面地层岩性对比图（图 6-2）上。非贯通裂缝带顶界在 BK7 钻孔、JB7 钻孔和 D4 钻孔处已发育至土层，特别是在 BK7 钻孔处残余土层仅厚 5.2 m，隔水层厚度严重不足，将导致潜水严重漏失。以往的研究中，大多认为弯曲下沉带内的岩土层渗透性不受采动影响。综合以往研究与本书研究的结果，作者认为采动过程中非贯通裂缝带内岩（土）体的渗透系数会有一定程度的增大，采动应力恢复后会有一定程度的恢复。非贯通裂缝带以上岩（土）层的渗透性不受采动影响。非贯通裂缝带内岩体渗透性等级一般由“微透水”增大至“弱透水”，虽然渗透系数有一定程度的增大，但仍未能达到导水的程度，故在涌水量预计过程中，非贯通裂缝带内的基岩含水层不参与涌水量预计。同理，非贯通裂缝带内的土层短时间内也无法恢复其隔水能力，故在其隔水能力恢复期间，不参与计算潜水的隔水层厚度。

6.3 开采充水条件与涌水量预计

由工作面含隔水层空间赋存特征与采动导水裂缝带与非贯通裂缝带的发育高度可得，基岩裂隙承压含水层与风化带承压裂隙含水层为工作面直接充水含水层。导水裂缝带一般波及不到第四系含水层，但第四系含水层在隔水土层厚度不足的块段补给直罗组风化基岩裂隙含水层，因此第四系含水层为间接充水含水层。

6.3.1 基岩裂隙承压含水层涌水量

103 工作面 2^{-2}煤层顶板基岩裂隙含水层包括侏罗系中统延安组第五段与侏罗系中统直罗组。预计采动导水裂缝带基本贯穿了整个基岩段，且抽水资料显示两组裂隙承压含水层水文地质条件相似，故在本节将其作为同一含水层进行涌水量预计。工作面开采后，在采空区上覆基岩裂隙承压含水层水头降至煤层底板标高时，周边含水层中的水在压差作用下向采空区流动，可利用解析法对涌水量进行预计。此外，103 工作面临近首采面，在首采面采动过程中基岩裂隙承压水受到一定的疏放，故考虑首采面的影响将 103 工作面概化为如图 6-8 所示的“近似三边进水”模型，利用“集水廊道法”对基岩承压裂隙含水层涌水量进行预计。

根据工作面地质及水文地质条件分析可知，103 工作面采空区“三边”往外一定距离（降深影响半径）后可作为基岩裂隙承压水的定水头边界。工作面采空区水位大幅度下降，致使周围影响半径范围内的顶板水向采空区内流动。根据承压含水层地下水动力学计算公式，得到 103 工作面开采时采空区各边单宽流

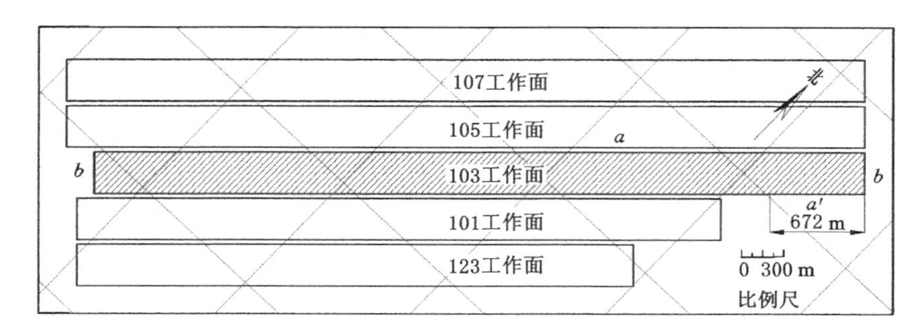

图 6-8　103 工作面“近似三边进水”水文地质模型

量 q_i的计算公式：

$$q_i = K_i M \frac{H_i - h_0}{R} \tag{6-2}$$

式中　M——含水层厚度；

K_i——各边的含水层渗透系数；

H_i——各边的水头高度；

h_0——降余水柱高度；

R——影响半径。

因工作面回采形成的疏降漏斗水力特征为承压转无压渗流场，因此采用承压转无压单侧进水涌水量计算公式：

$$Q_i = BK_i \frac{(2H_i - M)M - h_0^2}{2R} \tag{6-3}$$

式中　Q_i——各边的涌水量，m^3/d；

K_i——各边的含水层渗透系数，m^3/d；

B——工作面长度，m；

H_i——各边的水头高度，m；

M——含水层厚度，m；

h_0——降余水柱高度，m；

R——影响半径，m。

由于工作面煤层倾角较小，可近似认为三边的水头高度与水位影响半径相等，则式(6-3)可转化为式(6-4)：

$$Q = (a + a' + 2b)K \frac{(2H - M)M - h_0^2}{2R} \tag{6-4}$$

式中　a，b——工作面的长度与宽度，m；

a'——首采面疏降作用后的工作面余留长度，m。

利用式(6-4)可以对工作面顶板基岩裂隙承压含水层涌水量进行预计，参数选取如下。

(1) 含水层厚度：预计导水裂缝带最大高度为 173.10～210.62 m，在分析附近钻孔导水裂缝带内的岩性组成及其厚度(表 6-3)的基础上，将各钻孔处细砂岩、中砂岩与粗砂岩的砂岩累计厚度的平均厚度 87.01 m 作为含水层厚度。

表 6-3 103 工作面导水裂缝带范围内基岩岩性组成及其厚度 单位：m

钻孔编号	煤层开采高度 $M_{采}$	预计最大导高 H_{max}	基岩岩性组成及其厚度			
			中砂岩-粗砂岩	细砂岩	粉砂岩	泥岩-泥质砂岩
BK7	9.10	191.49	27.49	32.18	95.78	36.04
JB20	9.01	179.16	23.43	50.44	72.11	33.18
J7	9.30	173.10	49.70	25.69	74.74	22.97
JB12	8.86	182.05	58.34	44.64	57.29	21.78
BK11	9.30	192.21	22.31	42.09	105.31	22.50
JB7	11.60	216.42	96.93	42.53	62.73	14.23
D4	12.00	198.40	35.48	57.86	79.33	25.73
平均	9.88	190.40	44.81	42.20	78.19	25.20

(2) 渗透系数：由表 6-3 可知，基岩含水层厚度及其岩性特征变化较大，且工作面附近基岩混合抽水试验结果差异明显。为准确预计基岩承压裂隙含水层涌水量，根据邻近的 101 工作面在实际开采过程中的平均涌水量(300～350 m^3/h)、导水裂缝带高度、含水层厚度等参数，利用式(6-5)反算出延安组第五段与直罗组砂岩混合含水层的渗透系数 $K=0.022\ 283$ m/d。

$$K = Q\frac{\lg R_0 - \lg r_0}{1.366[(2H-M)M-h_0]} \tag{6-5}$$

式中 Q——工作面涌水量，m^3/d，取 350 m^3/d；

H——水头高度，m，取 231.49 m；

M——含水层厚度，m，取 84.00 m；

h_0——降余水柱高度，m，取 0 m；

r_0——矿井巷道系统的引用半径，m，取 1 422.89 m。

R_0——引用影响半径(m)，$R_0 = r_0 + R$，$R = 10S\sqrt{K}\ (S=H)$。

(3) 水头高度：根据 BK11 钻孔混合抽水试验结果可知，基岩裂隙承压含水层静止水位标高 1 226.22 m；根据钻孔勘察结果可知，2^{-2} 煤层底板标高平均 990.27 m，设底板处水头高度为 0 m，则基岩承压水头高度 H 为 235.95 m。

(4) 影响半径：根据吉哈尔特公式 $R=10S\sqrt{K}$ 来计算影响半径，取 $S=H=235.95$ m，$K=0.022\ 283$ m/d，计算得到 $R=352.21$ m。

(5) 进水边界长度：a、b 为工作面的长度与宽度，分别为 5 410 m 与 300 m；a'为靠近 101 工作面且未受采动影响的长度，如图 6-8 所示，取 672 m。

(6) 降余水柱高度：当煤层采动过程中导水裂缝带高度范围内的基岩承压含水层被疏干时，认为水位降至工作面底板，即降余水柱高度 $h_0=0$。

利用上述参数，得到 103 工作面顶板基岩裂隙承压含水层涌水量预计结果：

$$Q_{基}=7\ 078.71\ \mathrm{m^3/d}=295.07\ \mathrm{m^3/h}$$

6.3.2 风化带裂隙承压含水层涌水量

103 工作面基岩风化带连续分布于基岩顶部，厚度为 23.00(BK7 钻孔)～46.12 m(JB12 钻孔)，平均厚度为 35.77 m。根据工作面采动导水裂缝带发育高度可知，工作面大部分区域导水裂缝带发育至风化带，导水裂缝带内风化带的厚度为 0～45.68 m，平均厚度为 22.41 m。101 工作面煤层开采高度为 5.5 m，在采动过程中未波及风化带，因此不考虑前期开采的影响，选择“大井法”承压转无压公式(6-6)预计 103 工作面风化带承压裂隙含水层涌水量。

$$Q=1.366K\frac{2HM-M^2}{\lg R_0-\lg r_0} \tag{6-6}$$

利用式(6-6)对顶板风化基岩承压裂隙含水层涌水量进行预计，参数的选取如下。

(1) 含水层厚度：取导水裂缝带内风化带的平均厚度，即 $M=22.41$ m。

(2) 渗透系数：分析风化带抽水资料，检 6 孔位于 103 工作面附近(图 6-9)，其风化基岩抽水试验结果显示渗透系数为 0.043 7～0.051 1 m/d，取 0.051 1 m/d 作为计算参数。

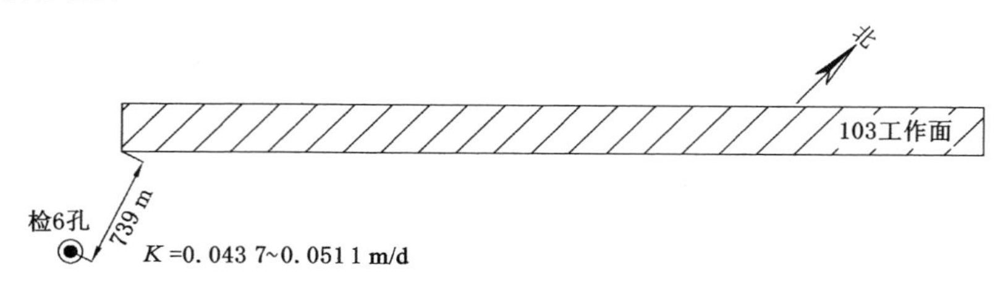

图 6-9 103 工作面附近基岩风化带含水层抽水试验位置及结果

(3) 水头高度：抽水试验结果显示，风化基岩裂隙承压含水层静止水位标高 1 210.50 m；钻孔勘察结果显示，2^{-2} 煤层底板标高平均 990.27 m，设底板处水头高度为 0 m，则基岩承压水头高度 H 为 220.23 m。

(4) 影响半径:根据吉哈尔特公式 $R = 10S\sqrt{K}$ 计算影响半径,取 $S=H=$ 220.23 m,$K=$0.051 1 m/d,计算得到 $R=$497.84 m。

(5) 引用半径:依据以上分析,工作面范围内在 JB20 钻孔、JB12 钻孔和 BK11 钻孔处及其附近位置导水裂缝带未发育至风化带,其余地段均发育至风化基岩底面以上。假设钻孔之间导水裂缝带与风化带底界均呈线性发育,即可计算出工作面范围内导水裂缝带发育至风化带以上的距离,如图 6-10 所示。图中大于“0”的部分表示裂缝带范围内的风化带厚度,小于“0”的部分表示导水裂缝带顶界与风化带底界的距离。由图可知,103 工作面范围内,裂缝带顶界超过风化带底界共包括 3 部分,分别长 526.63 m、923.65 m 和 2 260.40 m,共计 3 710.68 m。将风化带含水层漏失区域视为矩形,则其长度 a 为 3 710.68 m,宽度 b 为 300 m,引用半径公式为 $r_0=\eta(a+b)/4$,由边长及计算系数关系可得 $\eta=$ 1.068,从而计算出 $r_0=$1 070.85 m。

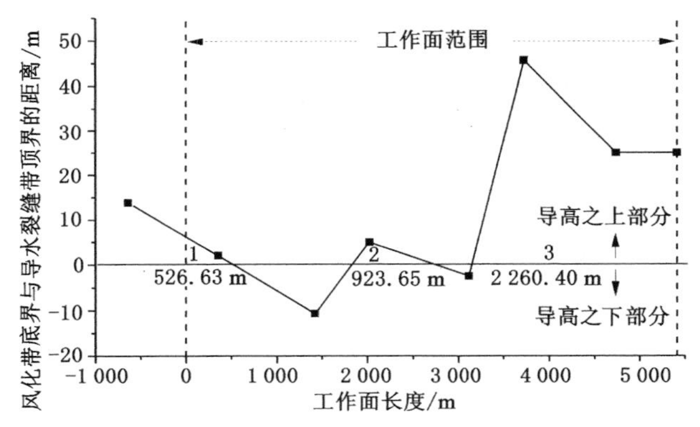

图 6-10 103 工作面风化带底界与导水裂缝带顶界的位置关系

(6) 引用影响半径:$R_0=r_0+R=$1 070.85 m+497.84 m=1 568.69 m。

把上述的参数取值代入公式(6-6),得到 103 工作面风化带裂隙承压含水层涌水量预计结果:

$$Q_{风}=3\ 943.98\ \text{m}^3/\text{d}=164.33\ \text{m}^3/\text{h}$$

6.3.3 第四系沙层潜水含水层涌水量

受采动影响,隔水土层发生结构变异,渗透性提高,隔水性受到破坏,当残余隔水层厚度不足时,潜水将通过渗流作用透过土层补给风化基岩含水层,潜水成为工作面涌水量的重要组分。据李涛等学者的研究成果可知,采后隔水层为 42.6 m 厚的离石组黄土层或 21.0 m 厚的保德组红土层时,潜水不发生明显漏失。103 工作面范围内黄土层与红土层隔水层厚度差异较大,黄土层连续分布,仅在 JB20 钻孔处缺失,厚 0～65.95 m,平均 21.70 m;红土层在 BK7 钻孔与 J7 钻孔处缺失,厚 0～30.00 m,平均 10.92 m,如图 6-11 和图 6-12 所示。

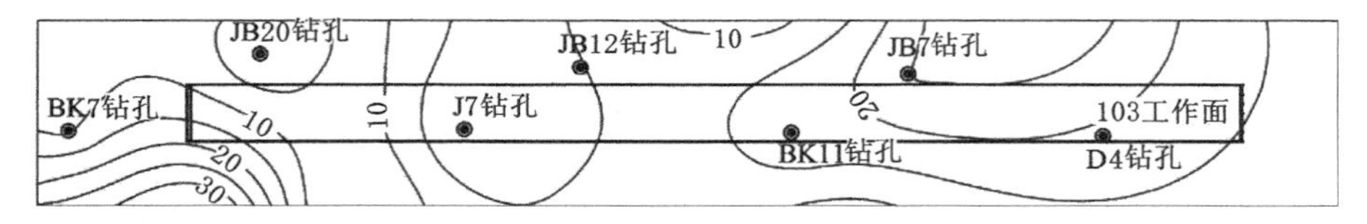

图 6-11 103 工作面黄土层分布厚度等值线图(单位:m)

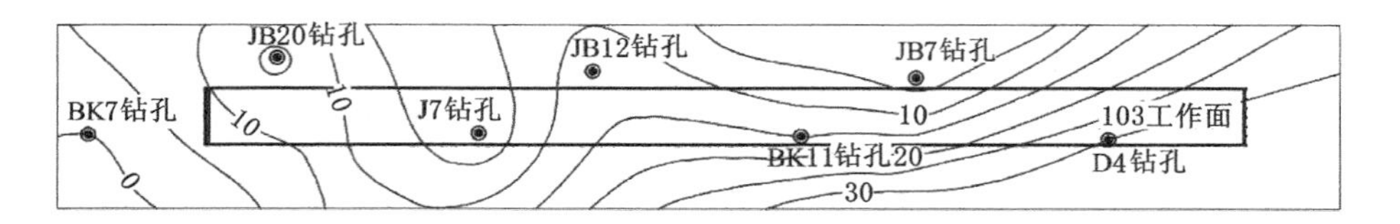

图 6-12 103 工作面红土层分布厚度等值线图(单位:m)

非贯通裂缝带内土层隔水性大大降低,隔水性恢复期间无法有效地阻隔潜水漏失,仅将非贯通裂缝带上部土层作为有效隔水层。根据前文的分析结果,非贯通裂缝带上部残余有效隔水土层厚度如表 6-4 所列。

表 6-4 103 工作面潜水有效隔水土层厚度

钻孔编号	黄土层厚度/m	红土层厚度/m	等效黄土层厚度/m
BK7	5.20		5.20
JB20		16.72	33.44
J7	20.43		20.43
JB12	15.20	13.20	41.60
BK11	15.61	14.52	44.65
JB7	17.10		17.10
D4	62.00		62.00

由表可知,在 BK7 钻孔与 JB7 钻孔附近,隔水层的厚度明显不足。根据前文的渗透性测试结果和不同性质隔水土层作为保护层时与安全厚度的关系,将红土层的厚度等效为 2 倍黄土层的厚度,根据保护层厚度的安全阈值可对潜水保护层厚度不足区域进行圈定,结果如图 6-13 所示。

由图 6-13 可知,受采动影响 103 工作面潜水保护层厚度不足区域共包括 2 个部分(A 区与 B 区)。其中,A 区长度 2 379.97 m,等效黄土层厚度 5.20～

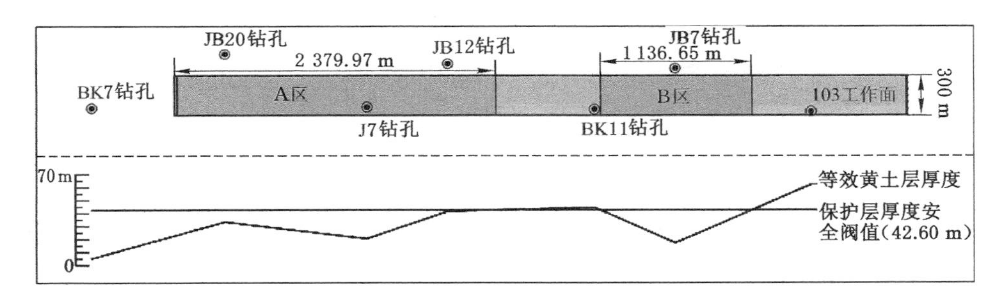

图 6-13　潜水保护层厚度不足区域圈定

42.60 m,平均 20.13 m;B 区长度 1 136.65 m,等效黄土层厚度 17.10～42.60 m,平均 29.85 m。当保护层厚度足够时,潜水不发生明显漏失,故仅对保护层厚度不足的 2 个区域涌水量进行预计。

(1) A 区涌水量预计

由于土层渗透系数较小,且潜水补给条件较好,假设潜水漏失为垂直于土层的一维稳定渗流问题,可利用达西定律对潜水的漏失量进行预计。

$$Q = KIS \tag{6-7}$$

式中　Q——潜水漏失量,m^3/d;

K——土层渗透系数,m/d;

I——水力梯度;

S——土层过水断面的面积,m^2。

利用式(6-7)对 A 区第四系沙层潜水含水层涌水量进行预计,参数选取如下。

① 渗透系数:A 区范围内红土层和黄土层均匀分布,为简化运算将红土层厚度折算为黄土层厚度对潜水漏失量进行预计,则渗透系数选取黄土层的天然渗透系数。A 区范围内潜水含水层平均厚度 8.39 m,区内黄土层厚度 5.20～42.60 m,根据土层渗透性试验结果,取黄土层渗透系数为 0.005 03 m/d 进行涌水量预计。

② 水力梯度:A 区等效黄土层平均厚度 20.13 m,潜水面与红土层底界的高度差 ΔH 平均为 28.52 m,水力梯度 I=1.42。

③ 过水断面的面积:A 区长度为 2 379.97 m,工作面宽度为 300 m,则土层过水断面的面积 S=2 379.97 m×300 m=713 991 m^2。

把上述的参数取值代入公式(6-7),得到 A 区第四系沙层潜水含水层涌水量预计结果:

$$Q_{潜}^{A} = 5\ 099.75\ m^3/d = 212.49\ m^3/h$$

(2) B 区涌水量预计

利用式(6-7)对 B 区第四系沙层潜水含水层涌水量进行预计，参数选取如下。

① 渗透系数：B 区范围内潜水含水层平均厚度 25.42 m，区内黄土层厚度 17.10～42.60 m，取黄土层渗透系数为 0.005 03 m/d 进行涌水量预计。

② 水力梯度：B 区等效黄土层平均厚度 29.85 m，潜水面与红土层底界的高度差 ΔH 平均为 55.27 m，水力梯度 $I=1.85$。

③ 过水断面的面积：B 区长度为 1 136.65 m，工作面宽度为 300 m；则过水断面面积 $S=1\ 136.65\ \mathrm{m}\times 300\ \mathrm{m}=340\ 995\ \mathrm{m}^2$。

把上述的参数取值代入公式(6-7)，得到 B 区第四系沙层潜水含水层涌水量预计结果：

$$Q_{潜}^{B}=3\ 173.13\ \mathrm{m^3/d}=132.21\ \mathrm{m^3/h}$$

A、B 2 个区域潜水的漏失量共计为 344.70 $\mathrm{m^3/h}$，即 103 工作面第四系沙层潜水含水层涌水量预计值为 344.70 $\mathrm{m^3/h}$。

综上所述，103 工作面开采涌水量主要包括 3 个组成部分，在分析采动水文地质条件的基础上，选择适当的方法，分别对基岩裂隙承压含水层涌水量、风化带裂隙承压含水层涌水量、第四系沙层潜水含水层涌水量进行了预计，结果分别为 295.07 $\mathrm{m^3/h}$、164.33 $\mathrm{m^3/h}$、344.70 $\mathrm{m^3/h}$，即工作面正常涌水量预计结果为 804.10 $\mathrm{m^3/h}$。根据对 103 工作面与 108 工作面开采过程中涌水量变化的分析可知，最大涌水量约为正常涌水量的 1.2 倍，故建议工作面最大涌水量预计值为 964.92 $\mathrm{m^3/h}$。

6.4 采动潜水水位变化预计及地表生态环境响应分析

6.4.1 采动潜水水位变化分析与计算

(1) 采动潜水水位变化理论分析与计算

103 工作面为一矩形面，在采动过程中潜水发生漏失，整个工作面范围内潜水水位下降，可将潜水水位下降作为井群开采的结果。求解该矩形面井群开采过程中潜水水位变化的基本思路为：将整个工作面内的面汇分割为许多微小单元面汇，微小单元面汇对面内任意一点处的开采作用可视为点汇，则将微小单元面汇对任意一点处的作用积分后可得到整个面汇对该点的影响。

根据以上分析与假设，设工作面长度和宽度分别为 $2l$ 和 $2w$，潜水渗漏总流量为 Q，则潜水的开采强度(单位面积内潜水的渗漏量)$\varepsilon=Q/(2l\times 2w)$。将工作面的中心置于平面直角坐标系原点处，则工作面内微小单元面汇中任意一点可用 $x'Oy'$ 坐标系表示，降深点的位置可用而 xOy 坐标系表示，如图 6-14 所示。

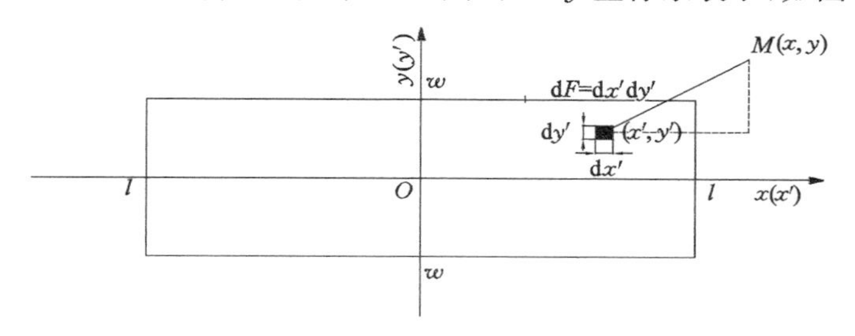

图 6-14　矩形面井群开采计算模型示意图

根据泰斯公式，设矩形面井群开采作用下面内任意一点 $M(x,y)$ 处潜水的降深方程为：

$$S=\frac{\varepsilon t}{4\mu_e}A_r(l,w,x,y,at) \tag{6-8}$$

式中　S——任意一点处的降深，m；

ε——潜水开采强度，m^3/d；

μ_e——给水度；

$A_r(l,w,x,y,at)$ ——矩形面井的井函数，可利用式(6-9)表示：

$$A_r(l_x,l_y,x,y,at)=S^*\left(\frac{l+x}{\sqrt{4at}},\frac{w+y}{\sqrt{4at}}\right)+S^*\left(\frac{l+x}{\sqrt{4at}},\frac{w-y}{\sqrt{4at}}\right)+ S^*\left(\frac{l-x}{\sqrt{4at}},\frac{w+y}{\sqrt{4at}}\right)+S^*\left(\frac{l-x}{\sqrt{4at}},\frac{w-y}{\sqrt{4at}}\right) \tag{6-9}$$

式中，函数 $S^*(\alpha,\beta)$ 可通过查表获得。

将沙层潜水渗漏过程视为完整井抽水过程，则其等水头面为绕井轴旋转的抛物面，工作面中心处的降深 S_c 可表示为：

$$S_c=\frac{\varepsilon t}{\mu_e}S^*\left(\frac{l}{\sqrt{4at}},\frac{w}{\sqrt{4at}}\right) \tag{6-10}$$

上述分析与讨论主要适用于承压含水层，利用潜水与承压水的变换关系，可得到潜水含水层任意一点 $M(x,y)$ 的水位计算公式：

$$H^2-h_c^2=\frac{\varepsilon at}{\mu_e}A_r \tag{6-11}$$

工作面中心处($x=y=0$)的水位最低，则 h_c 可表示为：

$$h_c=\sqrt{H^2-\frac{2\varepsilon at}{K}S^*\left(\frac{l}{\sqrt{4at}},\frac{w}{\sqrt{4at}}\right)} \tag{6-12}$$

利用上述公式对采动潜水水位最大降深 S_c 进行计算，参数选取如下。

① 尺寸：根据 103 工作面的长宽尺寸(5 410 m×300 m)，可得 l=2 705 m，w=150 m。

② 潜水开采强度：103 工作面面积为 1 623 000 m^2，预计水量为 344.70 m^3/h，则潜水开采强度 $\varepsilon=2.12\times10^4$ m/h$=5.09\times10^5$ m/d。

③ 初始水头高度：根据钻孔揭露分析可得，103 工作面最大水头高度为 33.50 m，并将其作为潜水初始水头高度 H。

④ 渗透系数：根据萨拉乌苏组沙层抽水试验结果，渗透系数取其平均值 2.36 m/d。

⑤ 给水度：根据经验值选取 0.2。

⑥ 开采时间：工作面计划开采速度为 10 m/d，则开采时间 t=521 d。

⑦ 导水系数：潜水含水层平均厚度为 15.64 m，渗透系数的平均值为 2.36 m/d，则导水系数 T=15.64 m×2.36 m/d=36.91 m^2/d。

⑧ 水力扩散系数：给水度 μ_e=0.2，导水系数 T=36.91 m^2/d，则水力扩散系数 a=36.91(m^2/d)/0.2=184.55 m^2/d。

利用上述分析及各计算参数的取值，计算得到 103 工作面在采动过程中工作面中心处($x=y=z=0$)第四系潜水含水层的最低水位 h_c=29.38 m，最大降深 S_{cmax}=4.12 m。根据实际测试结果可知，工作面附近潜水含水层水位埋深平均为 2.50 m，预计开采后潜水含水层水位最大埋深为 6.62 m。

(2) 采动潜水含水层水位变化数值模拟

以 103 工作面及其周边为水文地质原型，利用 Feflow software 软件建立 3D 水文地质模型预测采动潜水含水层水位变化。考虑首采面对 103 工作面的影响以及工作面开采过程中对周边水位的影响，模型以 101 工作面与 103 工作面为中心向四周适当扩展，设计尺寸为 8 000 m×3 000 m。数值模型将含隔水层结构概化为 5 层，如图 6-15 所示，自上而下依次为：第四系潜水含水层、隔水土层、风化带、直罗组基岩含水层和延安组基岩含水层。

上述的均质、各向异性三维模型的水文地质数学模型为：

$$\frac{\partial}{\partial x}\left(K_x\frac{\partial H}{\partial x}\right)+\frac{\partial}{\partial y}\left(K_y\frac{\partial H}{\partial y}\right)+\frac{\partial}{\partial z}\left(K_z\frac{\partial H}{\partial z}\right)=S_s\frac{\partial H}{\partial t}\quad x,y,z\in\Omega,t\geqslant0 \tag{6-13}$$

$$K_x\left(\frac{\partial H}{\partial x}\right)^2+K_y\left(\frac{\partial H}{\partial y}\right)^2-K_z\frac{\partial H}{\partial z}=\mu_d\frac{\partial H}{\partial t}\quad x,y,z\in\Gamma_0,t\geqslant0 \tag{6-14}$$

$$H(x,y,z)\big|_{t=0}=H_0(x,y,z)\quad x,y,z\in\Omega,t\geqslant0 \tag{6-15}$$

$$h\big|_{\Gamma_1}=h_1(x,y,z)\quad x,y,z\in\Gamma_1,t\geqslant0 \tag{6-16}$$

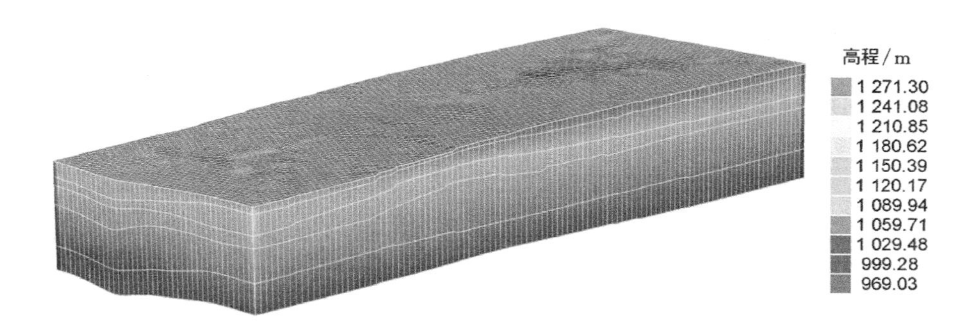

图 6-15 三维水文地质数值模型

式中 K_x, K_y, K_z——x, y, z 方向的渗透系数，m/d；

H_0, H——初始水位标高与水位标高，m；

S_s——自由水面以下含水层单位储水系数，m^{-1}；

h——潜水含水层厚度，m；

t——时间，d；

μ_d——潜水含水层重力给水度；

Ω——模拟区范围；

Γ_0——渗流区域的上边界，即地下水自由表面；

Γ_1——第Ⅰ类边界；

h_1——第Ⅰ类边界水头高度，m。

勘探资料显示，潜水含水层、隔水土层和风化带的水文地质参数较稳定，可将其概化为均质介质。依据物理探测结果将基岩含水层分为 6 个区，如图 6-16 所示。

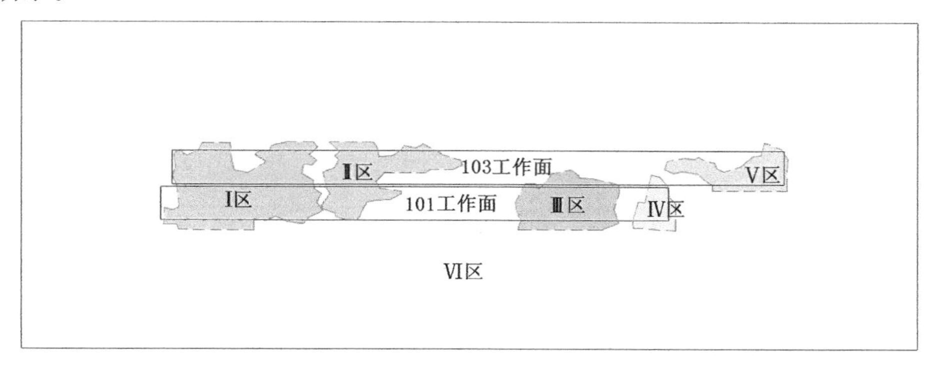

图 6-16 基岩含水层水文地质参数分区

对模型水文地质参数进行赋值，通过反演计算，不断调整，最终确定模型水文地质参数的取值。运行确定参数的模型，运行 1 年后得到的拟合水位与原始水位对比如图 6-17 所示。由图可知，模拟潜水流场与实际基本一致，说明拟合度良好。

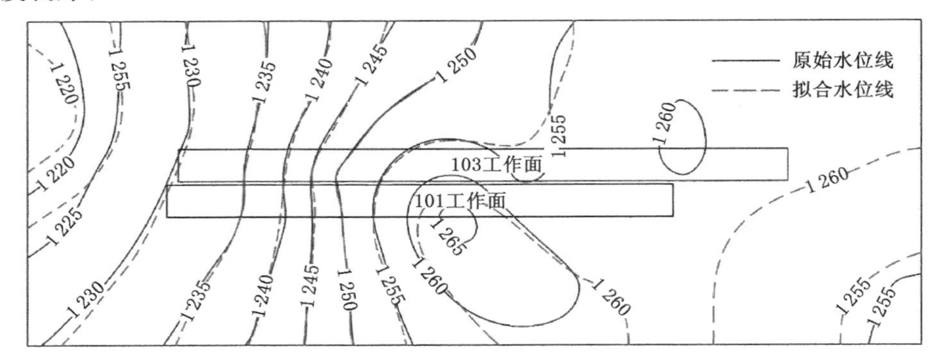

图 6-17　潜水含水层拟合水位与实际原始水位对比(单位:m)

根据实际开采工况，利用识别并验证后的模型首先对 101 首采面模拟开采，将导水裂缝带高度(107.49 m)范围内岩层的垂向渗透系数增大至 100 倍，模拟开采时间为 300 d，根据实际工作涌水量模拟开采期间的排水强度，将水头边界设为底板标高。模型以 1 d 为应力周期，自动控制时间步长，严格控制迭代误差。在 101 工作面模拟开采完成后，对 103 工作面开采过程中潜水水位的变化进行预测，增大煤层顶板以上 173.10～216.42 m 范围内岩层的垂向渗透系数，模拟开采 540 d，将工作面预计正常涌水量 804.10 m^3/h 作为开采期间的模拟排水强度。103 工作面模拟开采后潜水流场如图 6-18 所示，开采后潜水水位降深如图 6-19 所示。

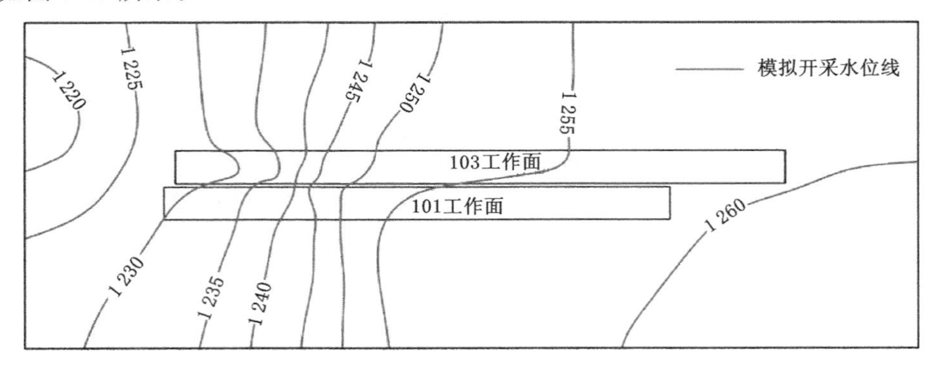

图 6-18　103 工作面模拟开采后潜水流场(单位:m)

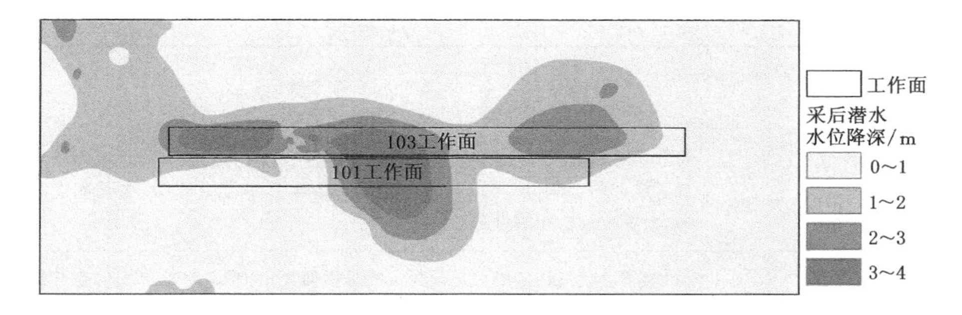

图 6-19 103 工作面模拟开采后潜水水位降深

由图 6-19 可知，103 工作面开采后，潜水水位下降深度最大的位置位于工作面中心处，最大降深达到 3～4 m，与理论分析计算的结果基本一致。103 工作面采前潜水水位平均埋深 2.50 m，则采后潜水水位最大埋深可达 5.50～6.50 m。

6.4.2 采动地表生态环境响应与评价

研究区为天然生态环境脆弱的干旱半干旱地区，近潜埋煤层的高强度开采容易造成地下水位下降、地表水流量减小，从而引发植物干枯死亡、沙漠化加剧、沙暴及滑坡等环境地质灾害。植物的生长状态与矿区地表生态环境直接相关，而研究区植物的生长状态与潜水水位埋深存在密切关系，如表 6-5 所列。

表 6-5 潜水水位埋深与植物生长状态的关系

潜水水位埋深/m	阶段名称	植物生长状态与特征
＜1	盐渍化水位埋深	植物生长茂盛；以沙柳灌丛为主，草本植物发育；潜水在毛细管作用下可达地表，土壤含水率随埋深的增加而逐渐增大；蒸发强烈，潜水蒸发损失量较大；地下水盐分逐渐积累，土壤可能发生盐渍化，影响植物生长
1～3	最佳水位埋深	植物生长状态良好；在毛细管作用下潜水可直接供给植物根系吸收利用，土壤水分充足，可满足乔木、灌木、草本等各类植物需要，不会发生土壤盐渍化
3～5	承受水位埋深	植物生长状态一般；乔木根系向下延伸吸收利用地下水，不会发生枯梢与秃头现象；灌木主要吸收包气带浅部含水率较高的土壤水；潜水的无效蒸发量很少，几乎全部用于植物吸收
5～8	警戒水位埋深	植物生长状态较差；乔木根系继续向下延伸吸收利用地下水，由于供水不足可能出现枯梢、枯枝甚至秃头的现象；乔木主要吸收包气带深部土壤水；潜水蒸发量几乎为零

表 6-5(续)

潜水水位埋深/m	阶段名称	植物生长状态与特征
8～15	衰败水位埋深	植物生长状态差;乔木吸收地下水困难,出现枯梢、枯枝、秃头、树高降低或矮灌化的现象;灌木可利用的深部土壤水含水率也较低,生长状态较差;植物生长出现明显衰败迹象
＞15	枯亡水位埋深	植物生长状态很差;绝大部分乔木因枯梢而死亡;潜水水位以上的包气带以薄膜水为主;难以被沙蒿灌丛吸收利用,冠径与树高明显减小,出现枯萎;土壤风蚀沙化现象加剧,可能导致半固定与固定沙丘活化

理论计算与数值模拟预计结果表明,103 工作面采后第四系沙层潜水水位最大埋深为 5.50～6.62 m。由表 6-5 可知,此潜水水位埋深为植物生长的警戒水位埋深,植物生长状态较差,土壤上层干燥,乔木出现枯梢、枯枝的现象,灌木虽可忍耐干旱但生长态势不好,需要进行治理。通过金鸡滩煤矿周边现场调研,103 工作面范围内主要以沙柳等灌丛为主,乔木仅生长在村庄及沟渠附近,分布较少,如图 6-20 所示。据金鸡滩煤矿周边现场调研情况可知,高强度开采导致地面出现较大裂缝时,部分乔木死亡,沙柳等灌木仍可保持较好的生长态势,如图 6-21 所示。

图 6-20　金鸡滩煤矿 103 工作面地表植物开采前生长状况

综上所述,103 工作面开采后潜水水位最大埋深已下降至警戒水位埋深,以沙柳等灌丛为主的地表植物不会发生明显的衰败与死亡;随着水土相互作用的影响和采动应力恢复作用下土层隔水性的恢复,潜水水位埋深将逐渐减小。采后一段时间内潜水水位即可满足植物生长的基本需求。工作面开采对矿区地面生态环境的影响不大,工作面轴线附近的少量乔木可能出现衰败现象。

（a）采后部分乔木死亡

（b）沙柳生长态势较好

图 6-21 金鸡滩煤矿周边开采后地表植物生长状况

6.5 本章小结

在分析工作面水文地质条件与开采条件的基础上，基于前文的研究成果，利用理论计算、数值模拟、相似材料模拟等方法对煤层采动裂缝发育特征、开采充水条件进行了分析，研究了工作面高强度开采条件下井下水害与地表生态环境响应关系。

（1）分析了高强度开采条件下工作面的水文地质条件、工程地质条件和开采技术条件，为研究采动过程中覆岩裂隙发育特征与地下水的响应关系奠定基础。

（2）利用经验公式、数值模拟与相似材料模拟 3 种方法对 103 工作面开采覆岩导水裂缝带稳定高度、最大高度及非贯通裂缝带高度进行了预计，并对其作用分别进行了阐述。

（3）根据开采实践与采动水文地质模型，选择了适当的解析计算方法来计算参数的取值，分别对基岩裂隙承压含水层、风化带裂隙承压含水层和第四系潜水含水层涌水量进行预计，确定了工作面正常涌水量与最大涌水量。

（4）建立了采动潜水水位变化的理论计算模型与数值模拟水文地质模型，预测采动过程中潜水水位最大降深为 4.12 m；在分析潜水水位埋深与地表生态环境响应关系基础上，认为工作面开采对矿区地面生态环境的影响不大，工作面轴线附近的少量乔木可能出现衰败现象。

7 结 论

7.1 主要结论

当前，我国煤炭资源开发重心已快速转移至西部生态环境脆弱区，因此矿山防治水工作重点需由单一的矿井安全保障转变为安全保障与水资源保护并重。研究采动覆岩（土）裂隙演化规律与潜水漏失规律有助于协调资源开发与生态破坏之间的矛盾。本书以榆神府矿区为研究背景，以金鸡滩井田为研究中心，以煤层上覆岩（土）体和第四系萨拉乌苏组沙层潜水为研究对象，利用理论分析、原位和室内试验、模拟计算等研究方法，对采动过程中覆岩导水裂缝带动态演化规律、损伤裂隙岩体渗透性变化特征及高强度开采条件下井下水害与地表生态环境响应关系进行了深入研究与探索，主要取得如下结论：

（1）研究区位于毛乌素沙漠东南缘，属典型干旱半干旱大陆性季风气候，以风沙滩地地貌类型为主，植被覆盖率较低，生态环境脆弱，地质构造简单，覆岩呈沙-土-基型空间结构，煤层埋藏浅、厚度大、储量丰富。第四系沙层潜水是区内唯一具有大范围供水及生态意义的珍贵地下水资源，离石组黄土层与保德组红土层为区域性相对隔水层。基岩胶结程度低且以泥质胶结为主，力学强度低且抗变形能力差，以整体厚层状结构为主，节理不发育，与东部矿区具有明显区别。

（2）在分析常用分布式光纤感测技术（DFOS）特点与适用性的基础上，考虑实际监测要求，基于 BOTDR 技术利用 MKS、GFRS、10 m-IFS 3 种特制感测光缆对采动过程中覆岩变形破坏进行了分布式动态监测。在现场埋设工艺与钻孔回填方案优化的基础上，保证了光缆与围岩的变形一致性，并通过室内试验验证；基于强度与测试精度分析，MKS 应变传感光缆优于 GFRS 应变传感光缆和 10 m-IFS 应变传感光缆，能够完成煤层采动覆岩变性破坏监测任务。

（3）在工作面推进过程中，覆岩应变曲线呈“台阶”状向上发展；整体应力状态变化过程可分为 2 部分：上部分覆岩为压缩—拉伸过程，下部分覆岩为压缩—

拉伸—压缩过程;岩石的竖向压缩量与杨氏模量及岩石的坚硬程度成反比;采动过程中覆岩主要产生拉张破坏。煤层采动过程中覆岩破坏高度可分为发育高度→最大高度→稳定高度3个阶段,在工作面推过钻孔约200 m处达到最大值,最大高度约为稳定高度的1.1倍。

(4) 在开采实践、原位探查、理论分析的基础上,提出了导水裂缝带与弯曲下沉带的过渡带——非贯通裂缝带的概念,并做如下定义:非贯通裂缝带是岩层内部发育大量裂隙但彼此不贯通或很少贯通,整体保持原有的层状结构,变形与移动具有似连续性的那部分岩层。建立了非贯通裂缝带高度与导水裂缝带高度的关系,指出前者约为后者的0.2倍。工作面导水裂缝带发育形态的原位探测结果表明,导水裂缝带的空间形态近似呈"拱形",而非"马鞍形";沿工作面推进方向导水裂缝带高度有略微增大的趋势。

(5) 研究了土层对采动裂隙发育的抑制作用,提出并确定了土层的抑制因子;在实测数据分析的基础上,分别建立了适用于陕北侏罗系煤层开采覆岩导水裂缝带在基岩内完全发育与土-岩复合岩层中发育的高度预计数学模型,并利用数理统计与数值模拟方法对其准确性进行了验证。指出陕北矿区裂采比相对于东部矿区的异常增大主要归结于整体性覆岩结构与关键层位置偏下2个原因。

(6) 现场压水试验结果表明,受采动影响,非贯通裂缝带内岩石的渗透系数发生明显变化,最大增幅达到2个数量级,渗透性等级由"微透水"变为"弱透水"甚至"中等透水";渗透系数增幅与岩石所在位置密切相关,非贯通裂缝带上部、中部、下部岩体的渗透系数约是采前的10倍、20倍、40倍。利用法国TAW-1000岩石伺服岩石力学试验系统对预制损伤裂隙岩体进行三轴蠕变渗透性试验,研究了非贯通裂缝带内岩石在采动后应力恢复过程中渗透性的变化。试验结果表明:非贯通裂缝带内损伤岩体在应力恢复过程渗透性呈非线性下降趋势,可用非线性指数函数衰减模型$K=\alpha e^{-\beta\sigma}$来描述,损伤程度越高,岩体渗透性恢复程度越低,非贯通裂缝带上部岩体渗透系数基本恢复至采前水平;不同岩性损伤裂隙岩体的渗透性恢复程度存在"泥质砂岩>粉砂岩>细砂岩"的关系。

(7) 基于自行设计研制的变水头土层渗透性测试试验装置,分析了土层厚度与水压对土层渗透性的影响。结果表明,土层的渗透系数随着土层厚度的增大呈下降趋势,土层厚度对红土层渗透性的影响大于黄土层;随着水压的增大土层渗透系数呈上升趋势,水压对黄土层渗透性的影响大于红土层,这为实际运用中渗透系数的合理取值提供依据。基于光栅光纤渗压计对采动过程中土层隔水性变化的监测结果表明,采动过程中黄土层与红土层的隔水性呈现"降低—恢复"的动态过程,降低表现为瞬时,而恢复需要一定的时间;红土层隔水性降低对潜水水位的影响较黄土层大,采后红土层隔水性恢复的程度比黄土层高。

(8) 综合利用经验公式、数值模拟、相似材料模拟预计了103工作面开采覆岩导水裂缝带稳定高度、最大高度及非贯通裂缝带高度，三者分别为157.36～197.21 m、173.10～216.42 m、20.20～34.95 m。根据开采实践与采动水文地质模型，分别对基岩裂隙承压含水层、风化带裂隙承压含水层、第四系潜水含水层涌水量进行预计，确定了103工作面正常涌水量为804.10 m^3/h 与最大涌水量为964.92 m^3/h。理论计算与数值模拟结果显示，采动过程中103工作面潜水水位最大降深为4.12 m；在分析潜水水位埋深与地表生态环境响应关系基础上，认为工作面开采对地表生态环境影响不大，仅造成工作面轴线附近的少量乔木可能出现衰败现象。

7.2 主要创新性成果

(1) 研究了煤层采前—采中—采后全过程覆岩(土)变形的动态变化特征，得到了覆岩导水裂缝带发育高度的动态变化过程与最大值，指出覆岩导水裂缝带最大高度为其稳定高度的1.1倍。

(2) 分析了陕北侏罗系煤层开采导水裂缝带发育与传统认知的区别，揭示了导水裂缝带高度与采高比值异常增大的机理。

(3) 提出了非贯通裂缝带的概念，分析了非贯通裂缝带发育高度及其变化规律，研究了损伤裂隙岩体采后应力恢复条件下的渗透性演化规律。

(4) 提出并确定了土层抑制因子，建立了基岩内完全发育与土-岩复合岩层中发育的导水裂缝带高度多因素预计数学模型。

参考文献

[1] 安艳辉,邓喀中.复杂地质条件下覆岩破坏规律研究[J].金属矿山,2007(1):21-24.

[2] 白汉营,李文平,陈学军,等.深埋土岩接触带下导水裂缝带发育规律[J].工程地质学报,2017,25(5):1322-1327.

[3] 白乐,李怀恩,何宏谋,等.煤矿开采区地表水-地下水耦合模拟[J].煤炭学报,2015,40(4):931-937.

[4] 曹丁涛,李文平.煤矿导水裂缝带高度计算方法研究[J].中国地质灾害与防治学报,2014,25(1):63-69.

[5] 曹立军.分布式光纤温度测量及数据处理技术研究[D].合肥:合肥工业大学,2006.

[6] 柴辉婵,李文平.近风氧化带开采导水裂缝发育规律及机制分析[J].岩石力学与工程学报,2014,33(7):1319-1328.

[7] 柴敬,杜文刚,雷武林,等.浅埋煤层隔水关键层失稳光纤传感检测试验研究[J].采矿与安全工程学报,2020,37(4):731-740.

[8] 柴敬,孙亚运,钱云云,等.基于 FBG-BOTDA 联合感测的岩层运动试验研究[J].西安科技大学学报,2016,36(1):1-7.

[9] 柴敬,赵文华,李毅,等.采场上覆岩层沉降变形的光纤检测实验[J].煤炭学报,2013,38(1):55-60.

[10] 陈崇希,林敏,成建梅.地下水动力学[M].5 版.北京:地质出版社,2011.

[11] 陈连军,李天斌,王刚,等.水下采煤覆岩裂隙扩展判断方法及其应用[J].煤炭学报,2014,39(增刊 2):301-307.

[12] 陈伟.陕北黄土沟壑径流下采动水害机理与防控技术研究[D].徐州:中国矿业大学,2015.

[13] 程刚.煤层采动覆岩变形分布式光纤监测关键技术及应用研究[D].南京:南京大学,2016.

[14] 程国明，马凤山，王思敬，等. 基于几何测量法的裂隙岩体渗透性研究[J]. 岩石力学与工程学报，2004，23(21)：3595-3599.

[15] 程学丰，刘盛东，刘登宪. 煤层采后围岩破坏规律的声波 CT 探测[J]. 煤炭学报，2001，26(2)：153-155.

[16] 董青红，蔡荣. 松散含水层下黏土层采动变形模拟及作用分析[J]. 能源技术与管理，2006，31(6)：53-55.

[17] 范典. 编码式光纤布拉格光栅传感网络的研究与应用[D]. 武汉：武汉理工大学，2005.

[18] 樊振丽. 纳林河复合水体下厚煤层安全可采性研究[D]. 北京：中国矿业大学(北京)，2013.

[19] 樊振丽，刘治国. 厚黏土层软弱覆岩采动破坏的泥盖效应[J]. 采矿与安全工程学报，2020，37(6)：1196-1204.

[20] 范钢伟. 浅埋煤层开采与脆弱生态保护相互响应机理与工程实践[D]. 徐州：中国矿业大学，2011.

[21] 范立民. 保水采煤的科学内涵[J]. 煤炭学报，2017，42(1)：27-35.

[22] 范立民. 保水采煤面临的科学问题[J]. 煤炭学报，2019，44(3)：667-674.

[23] 范立民. 论保水采煤问题[J]. 煤田地质与勘探，2005，33(5)：50-53.

[24] 范立民. 生态脆弱区保水采煤研究新进展[J]. 辽宁工程技术大学学报(自然科学版)，2011，30(5)：667-671.

[25] 范立民，马雄德，冀瑞君. 西部生态脆弱矿区保水采煤研究与实践进展[J]. 煤炭学报，2015，40(8)：1711-1717.

[26] 范立民，马雄德，蒋泽泉，等. 保水采煤研究 30 年回顾与展望[J]. 煤炭科学技术，2019，47(7)：1-30.

[27] 范立民，仵拨云，向茂西，等. 我国西部保水采煤区受保护烧变岩含水层研究[J]. 煤炭科学技术，2016，44(8)：1-6.

[28] 范立民，向茂西，彭捷，等. 毛乌素沙漠与黄土高原接壤区泉的演化分析[J]. 煤炭学报，2018，43(1)：207-218.

[29] 范立民，向茂西，彭捷，等. 西部生态脆弱矿区地下水对高强度采煤的响应[J]. 煤炭学报，2016，41(11)：2672-2678.

[30] 范立民，张晓团，向茂西，等. 浅埋煤层高强度开采区地裂缝发育特征：以陕西榆神府矿区为例[J]. 煤炭学报，2015，40(6)：1442-1447.

[31] 冯军发，周英，李回贵，等. 试论近水平煤层采场的 3 种基本结构形式[J]. 煤炭学报，2016，41(10)：2576-2587.

[32] 冯锐，林宣明，陶裕录，等. 煤层开采覆岩破坏的层析成像研究[J]. 地球物

理学报,1996,39(1):114-124.

[33] 高延法.岩移“四带”模型与动态位移反分析[J].煤炭学报,1996,21(1):51-56.

[34] 顾大钊,等.西部生态脆弱区现代开采对地下水与地表生态影响规律研究[M].北京:科学出版社,2019.

[35] 郭东亮,赵德深,刘磊,等.采动和渗流共同作用下覆岩破坏形态研究[J].煤矿安全,2015,46(12):57-60,64.

[36] 郭惟嘉,陈绍杰,李法柱.厚松散层薄基岩条带法开采采留尺度研究[J].煤炭学报,2006,31(6):747-751.

[37] 何廷峻.应用 Wilson 铰接岩块理论进行巷旁支护设计[J].岩石力学与工程学报,1998,17(2):173-177.

[38] 侯恩科,童仁剑,冯洁,等.烧变岩富水特征与采动水量损失预计[J].煤炭学报,2017,42(1):175-182.

[39] 侯忠杰.对浅埋煤层“短砌体梁”“台阶岩梁”结构与砌体梁理论的商榷[J].煤炭学报,2008,33(11):1201-1204.

[40] 胡炳南,张玉卓,王明立.连续采煤机房柱式分层开采厚煤层技术研究[J].煤炭科学技术,2000,28(10):46-48.

[41] 胡戈,李文平,程伟,等.淮南煤田综放开采导水裂缝带发育规律研究[J].煤炭工程,2008,40(5):74-76.

[42] 胡小娟,李文平,曹丁涛,等.综采导水裂缝带多因素影响指标研究与高度预计[J].煤炭学报,2012,37(4):613-620.

[43] 黄克智.板壳理论[M].北京:清华大学出版社,1987.

[44] 黄庆享.浅埋煤层保水开采岩层控制研究[J].煤炭学报,2017,42(1):50-55.

[45] 黄庆享,曹健,高彬,等.基于三场演化规律的浅埋近距煤层减损开采研究[J].采矿与安全工程学报,2020,37(6):1171-1179.

[46] 黄庆享,侯志成,张文忠,等.黏土隔水层相似材料胶结剂的正交实验分析[J].采矿与安全工程学报,2007,24(1):42-46.

[47] 黄庆享,刘玉卫.巷道围岩支护的极限自稳平衡拱理论[J].采矿与安全工程学报,2014,31(3):354-358.

[48] 黄庆享,蔚保宁,张文忠.浅埋煤层黏土隔水层下行裂隙弥合研究[J].采矿与安全工程学报,2010,27(1):35-39

[49] 黄震,姜振泉,孙强,等.深部巷道底板岩体渗透性高压压水试验研究[J].岩土工程学报,2014,36(8):1535-1543.

[50] 冀瑞君，彭苏萍，范立民，等. 神府矿区采煤对地下水循环的影响：以窟野河中下游流域为例[J]. 煤炭学报，2015，40(4)：938-943.

[51] 姜振泉，季梁军. 岩石全应力-应变过程渗透性试验研究[J]. 岩土工程学报，2001，23(2)：153-156.

[52] 蒋泽泉，雷少毅，曹虎生，等. 沙漠产流区工作面过沟开采保水技术[J]. 煤炭学报，2017，42(1)：73-79.

[53] 解瑞军. 功率解调的高灵敏度光纤布拉格光栅位移传感器的研究[D]. 长春：吉林大学，2017.

[54] 康永华. 采煤方法变革对导水裂缝带发育规律的影响[J]. 煤炭学报，1998，23(3)：262-266.

[55] 康永华，耿德庸，茹瑞典，等. 兴隆庄煤矿提高回采上限的试验研究[J]. 煤炭学报，1995，20(5)：449-454.

[56] 康永华，黄福昌，席京德. 综采重复开采的覆岩破坏规律[J]. 煤炭科学技术，2001，29(1)：22-24.

[57] 来兴平，许慧聪，康延雷. 综放面覆岩运动"时-空-强"演化规律分析[J]. 西安科技大学学报，2018，38(6)：871-877.

[58] 李超峰，虎维岳，王云宏，等. 煤层顶板导水裂缝带高度综合探查技术[J]. 煤田地质与勘探，2018，46(1)：101-107.

[59] 李平. 饱和黄土的三轴渗透试验研究[D]. 咸阳：西北农林科技大学，2007.

[60] 李强. 大平矿水库下特厚煤层综放安全开采理论与测控技术研究[D]. 阜新：辽宁工程技术大学，2013.

[61] 李思远. 采动影响下覆岩应变-孔隙率-渗透率演化模型开发及应用[D]. 徐州：中国矿业大学，2017.

[62] 李涛，李文平，常金源，等. 陕北浅埋煤层开采隔水土层渗透性变化特征[J]. 采矿与安全工程学报，2011，28(1)：127-131.

[63] 李涛. 陕北煤炭大规模开采含隔水层结构变异及水资源动态研究[D]. 徐州：中国矿业大学，2012.

[64] 李涛，王苏健，韩磊，等. 生态脆弱矿区松散含水层下采煤保护土层合理厚度[J]. 煤炭学报，2017，42(1)：98-105.

[65] 李文平，段中会，华解明，等. 陕北榆神府矿区地质环境现状及采煤效应影响预测[J]. 工程地质学报，2000，8(3)：324-333.

[66] 李文平，王启庆，李小琴. 隔水层再造：西北保水采煤关键隔水层 N_2 红土工程地质研究[J]. 煤炭学报，2017，42(1)：88-97.

[67] 李文平，王启庆，刘士亮，等. 生态脆弱区保水采煤矿井(区)等级类型[J].

煤炭学报,2019,44(3):718-726.

[68] 李文平,叶贵钧,张莱,等.陕北榆神府矿区保水采煤工程地质条件研究[J].煤炭学报,2000,25(5):449-454.

[69] 李琰庆.导水裂缝带高度预计方法研究及应用[D].西安:西安科技大学,2007.

[70] 李永红,何意平,康金栓,等.陕北煤矿区地质环境保护与恢复治理措施:以神府矿区郭家湾煤矿为例[J].中国煤炭地质,2014,26(4):41-45.

[71] 李哲哲.基于BOTDR的分布式光纤应变检测系统[D].太原:太原理工大学,2017.

[72] 刘波.光纤光栅传感系统的研究与实现[D].天津:南开大学,2004.

[73] 刘贵,张华兴,刘治国,等.河下综放开采覆岩破坏发育特征实测及模拟研究[J].煤炭学报,2013,38(6):987-993.

[74] 刘生优.软弱覆岩强含水层下综放开采覆岩运移规律及水砂防控技术研究[D].徐州:中国矿业大学,2017.

[75] 刘盛东,吴荣新,张平松,等.高密度电阻率法观测煤层上覆岩层破坏[J].煤炭科学技术,2001,29(4):18-19.

[76] 刘天泉.矿山岩体采动影响与控制工程学及其应用[J].煤炭学报,1995,20(1):1-5.

[77] 刘英锋,巨天乙.深埋特厚煤层综放条件下顶板导水裂缝带探查技术[J].西安科技大学学报,2013,33(5):571-575.

[78] 刘瑜,李文平,刘少伟,等.潜埋煤层开采整体结构覆岩导水裂缝带高度特征[J].工程地质学报,2016,24(增刊1):308-315

[79] 卢国志,汤建泉,宋振骐.传递岩梁周期裂断步距与周期来压步距差异分析[J].岩土工程学报,2010,32(4):538-541.

[80] 马立强,张东升,刘玉德,等.薄基岩浅埋煤层保水开采技术研究[J].湖南科技大学学报(自然科学版),2008,23(1):1-5.

[81] 马立强,张东升,缪协兴,等.FLAC 3D模拟采动岩体渗流规律[J].湖南科技大学学报(自然科学版),2006,21(3):1-5.

[82] 马雄德,王文科,范立民,等.生态脆弱矿区采煤对泉的影响[J].中国煤炭地质,2010,22(1):32-36.

[83] 马亚杰,武强,章之燕,等.煤层开采顶板导水裂缝带高度预测研究[J].煤炭科学技术,2008,36(5):59-62.

[84] 煤炭科学研究院北京开采研究所.煤矿地表移动与覆岩破坏规律及其应用[M].北京:煤炭工业出版社,1981.

[85] 孟召平，师修昌，刘珊珊，等. 废弃煤矿采空区煤层气资源评价模型及应用[J]. 煤炭学报，2016，41(3)：537-544.
[86] 缪协兴，刘卫群，陈占清. 采动岩体渗流与煤矿灾害防治[J]. 西安石油大学学报(自然科学版)，2007，22(2)：74-77.
[87] 缪协兴，浦海，白海波. 隔水关键层原理及其在保水采煤中的应用研究[J]. 中国矿业大学学报，2008，37(1)：1-4.
[88] 缪协兴，钱鸣高. 中国煤炭资源绿色开采研究现状与展望[J]. 采矿与安全工程学报，2009，26(1)：1-14.
[89] 缪协兴，张吉雄. 矸石充填采煤中的矿压显现规律分析[J]. 采矿与安全工程学报，2007，24(4)：379-382.
[90] "能源领域咨询研究"综合组. 中国煤炭清洁高效可持续开发利用战略研究[J]. 中国工程科学，2015，17(9)：1-5.
[91] 宁建国，刘学生，谭云亮，等. 浅埋砂质泥岩顶板煤层保水开采评价方法研究[J]. 采矿与安全工程学报，2015，32(5)：814-820.
[92] 彭苏萍，屈洪亮，罗立平，等. 沉积岩石全应力应变过程的渗透性试验研究[J]. 煤炭学报，2000，25(2)：113-116.
[93] 彭映成，钱海，鲁辉，等. 基于 BOTDA 的分布式光纤传感技术新进展[J]. 激光与光电子学进展，2013，50(10)：40-44.
[94] 朴春德，施斌，魏广庆，等. 采动覆岩变形 BOTDA 分布式测量及离层分析[J]. 采矿与安全工程学报，2015，32(3)：376-381.
[95] 钱鸣高. 煤炭的科学开采[J]. 煤炭学报，2010，35(4)：529-534.
[96] 钱鸣高，缪协兴，许家林，等. 论科学采矿[J]. 采矿与安全工程学报，2008，25(1)：1-10.
[97] 钱鸣高，许家林. 覆岩采动裂隙分布的"O"形圈特征研究[J]. 煤炭学报，1998，23(5)：466-469.
[98] 钱鸣高，许家林，王家臣. 再论煤炭的科学开采[J]. 煤炭学报，2018，43(1)：1-13.
[99] 钱鸣高. 岩层控制的关键层理论[M]. 徐州：中国矿业大学出版社，2003.
[100] 钱鸣高. 资源与环境协调(绿色)开采[J]. 煤炭科技，2006，32(1)：1-4.
[101] 乔伟，李文平，李小琴. 采场顶板离层水"静水压涌突水"机理及防治[J]. 采矿与安全工程学报，2011，28(1)：96-104.
[102] 师修昌. 煤炭开采上覆岩层变形破坏及其渗透性评价研究[D]. 北京：中国矿业大学(北京)，2016.
[103] 施斌，徐洪钟，张丹，等. BOTDR 应变监测技术应用在大型基础工程健康

诊断中的可行性研究[J]. 岩石力学与工程学报,2004,23(3):493-499.
[104] 施斌,张丹,王宝军,等. 地质与岩土工程分布式光纤监测技术及其发展[J]. 工程地质学报,2007,15(增刊2):109-116.
[105] 宋牟平,范胜利,陈好,等. 基于光相干外差检测的布里渊散射DOFS的研究[J]. 光子学报,2005,34(2):233-236.
[106] 宋世杰. 榆神府矿区煤炭开采对生态环境损害的定量化评价[D]. 西安:西安科技大学,2009.
[107] 宋振骐. 实用矿山压力控制[M]. 徐州:中国矿业大学出版社,1988.
[108] 孙庆先,牟义,杨新亮. 红柳煤矿大采高综采覆岩"两带"高度的综合探测[J]. 煤炭学报,2013,38(增刊2):283-286.
[109] 孙亚军,徐智敏,董青红. 小浪底水库下采煤导水裂缝发育监测与模拟研究[J]. 岩石力学与工程学报,2009,28(2):238-245.
[110] 孙亚军,张梦飞,高尚,等. 典型高强度开采矿区保水采煤关键技术与实践[J]. 煤炭学报,2017,42(1):56-65.
[111] 谭志祥,李志恒. 断层对"两带"影响的模拟研究[J]. 矿山压力与顶板管理,1999(2):74-76.
[112] 滕永海. 综放开采导水裂缝带的发育特征与最大高度计算[J]. 煤炭科学技术,2011,39(4):118-120.
[113] 涂亚庆,刘长兴. 光纤智能结构[M]. 重庆:重庆出版社,2000.
[114] 汪民,殷跃平,文冬光,等. 水文地质手册[M]. 2版. 北京:科学出版社,2012.
[115] 王皓,乔伟,柴蕊. 采动影响下煤层覆岩渗透性变化规律及垂向分带特征[J]. 煤田地质与勘探,2015,43(3):51-55.
[116] 王辉. 中厚多软弱夹层复合顶板巷道围岩破坏机理及支护研究[D]. 太原:太原理工大学,2017.
[117] 王金安,彭苏萍,孟召平. 岩石三轴全应力应变过程中的渗透规律[J]. 工程科学学报,2001,23(6):489-491.
[118] 王启庆,李文平,李涛. 陕北生态脆弱区保水采煤地质条件分区类型研究[J]. 工程地质学报,2014,22(3):515-521.
[119] 王启庆,李文平,裴亚兵,等. 采动破裂 N_2 红土渗透性试验研究[J]. 西南交通大学学报,2019,54(1):91-96.
[120] 王启庆. 西北沟壑下垫层 N_2 红土采动破坏灾害演化机理研究[D]. 徐州:中国矿业大学,2017.
[121] 王双明,段中会,马丽,等. 西部煤炭绿色开发地质保障技术研究现状与发

展趋势[J]. 煤炭科学技术,2019,47(2):1-6.
[122] 王双明,范立民,黄庆享,等. 基于生态水位保护的陕北煤炭开采条件分区[J]. 矿业安全与环保,2010,37(3):81-83.
[123] 王双明,范立民,黄庆享,等. 陕北生态脆弱矿区煤炭与地下水组合特征及保水开采[J]. 金属矿山,2009,5(增刊1):697-702.
[124] 王双明,黄庆享,范立民,等. 生态脆弱矿区含(隔)水层特征及保水开采分区研究[J]. 煤炭学报,2010,35(1):7-14.
[125] 王双明,申艳军,孙强,等. 西部生态脆弱区煤炭减损开采地质保障科学问题及技术展望[J]. 采矿与岩层控制工程学报,2020,2(4):5-19.
[126] 王双明. 生态脆弱区煤炭开发与生态水位保护[M]. 北京:科学出版社,2010.
[127] 王文学. 采动裂隙岩体应力恢复及其渗透性演化[D]. 徐州:中国矿业大学,2014.
[128] 王文学,隋旺华,董青红. 应力恢复对采动裂隙岩体渗透性演化的影响[J]. 煤炭学报,2014,39(6):1031-1038.
[129] 王秀彦,吴斌,何存富,等. 光纤传感技术在检测中的应用与展望[J]. 北京工业大学学报,2004,30(4):406-411.
[130] 王旭升,陈占清. 岩石渗透试验瞬态法的水动力学分析[J]. 岩石力学与工程学报,2006,25(增刊1):3098-3103.
[131] 王志国,周宏伟,谢和平,等. 深部开采对覆岩破坏移动规律的实验研究[J]. 实验力学,2008,23(6):503-510.
[132] 蔚保宁. 浅埋煤层黏土隔水层的采动隔水性研究[D]. 西安:西安科技大学,2009.
[133] 魏久传,吴复柱,谢道雷,等. 半胶结中低强度围岩导水裂缝带发育特征[J]. 煤炭学报,2016,41(4):974-983.
[134] 吴洪词,张小彬,包太,等. 采动覆岩活动规律的非连续变形分析动态模拟[J]. 煤炭学报,2001,26(5):486-492.
[135] 武强,申建军,王洋. "煤-水"双资源型矿井开采技术方法与工程应用[J]. 煤炭学报,2017,42(1):8-16.
[136] "西部煤炭高强度开采下地质灾害防治与环境保护基础研究"项目组. 西部煤炭高强度开采下地质灾害防治理论与方法研究进展[J]. 煤炭学报,2017,42(2):267-275
[137] 谢和平,高峰,鞠杨. 深部岩体力学研究与探索[J]. 岩石力学与工程学报,2015,34(11):2161-2178.

[138] 徐芝纶. 弹性力学[M]. 北京:人民教育出版社,1982.
[139] 许传峰. 采动围岩裂隙动态演化规律研究[J]. 煤炭科学技术,2013,41(4):20-23.
[140] 许家林. 煤矿绿色开采 20 年研究及进展[J]. 煤炭科学技术,2020,48(9):1-15.
[141] 许家林,钱鸣高. 岩层采动裂隙分布在绿色开采中的应用[J]. 中国矿业大学学报,2004,33(2):141-144.
[142] 许延春,丁鑫品,张冰,等. 多伦协鑫煤矿 1702^{-1}工作面水体下综放开采安全煤岩柱的留设研究[J]. 煤矿开采,2010,15(4):25-28.
[143] 严冰,董风忠,张晓磊,等. 基于后向相干瑞利散射的分布式光纤传感在管道安全实时监测中的应用研究[J]. 量子电子学报,2013,30(3):341-347.
[144] 杨浩. 大采高综放工作面覆岩结构与支架荷载研究[D]. 西安:西安科技大学,2017.
[145] 杨俊哲. 7 m 大采高综采工作面导水断裂带发育规律研究[J]. 煤炭科学技术,2016,44(1):61-66.
[146] 杨天鸿,赵兴东,冷雪峰,等. 地下开挖引起围岩破坏及其渗透性演化过程仿真[J]. 岩石力学与工程学报,2003,22(增刊 1):2386-2389.
[147] 姚多喜,鲁海峰. 煤层底板岩体采动渗流场-应变场耦合分析[J]. 岩石力学与工程学报,2012,31(增刊 1):2738-2744.
[148] 叶贵钧,张莱. 陕北榆神府矿区煤炭资源开发主要水工环问题及防治对策[J]. 工程地质学报,2000,8(4):446-455.
[149] 尹尚先,徐斌,徐慧,等. 综采条件下煤层顶板导水裂缝带高度计算研究[J]. 煤炭科学技术,2013,41(9):138-142.
[150] 尹增德. 采动覆岩破坏特征及其应用研究[D]. 青岛:山东科技大学,2007.
[151] 袁强. 采动覆岩变形的分布式光纤检测与表征模拟试验研究[D]. 西安:西安科技大学,2017.
[152] 曾先贵,李文平,李洪亮,等. 综放开采近断层导水断裂带发育规律研究[J]. 采矿与安全工程学报,2006,23(3):306-310.
[153] 张丹,施斌,吴智深,等. BOTDR 分布式光纤传感器及其在结构健康监测中的应用[J]. 土木工程学报,2003,36(11):83-87.
[154] 张丹,张平松,施斌,等. 采场覆岩变形与破坏的分布式光纤监测与分析[J]. 岩土工程学报,2015,37(5):952-957.
[155] 张东升,李文平,来兴平,等. 我国西北煤炭开采中的水资源保护基础理论研究进展[J]. 煤炭学报,2017,42(1):36-43.

[156] 张东升,刘洪林,范钢伟,等.新疆大型煤炭基地科学采矿的内涵与展望[J].采矿与安全工程学报,2015,32(1):1-6.
[157] 张东升,马立强.特厚坚硬岩层组下保水采煤技术[J].采矿与安全工程学报,2006,23(1):62-65
[158] 张杰,侯忠杰,石平五.地下工程渗流场与应力场耦合的相似材料模拟[J].辽宁工程技术大学学报(自然科学版),2005,24(5):639-642.
[159] 张杰,杨涛,索永录,等.基于隔水土层失稳模型的顶板突水致灾预测研究[J].煤炭学报,2017,42(10):2718-2724.
[160] 张杰,杨涛,田云鹏,等.采动及渗流作用下隔水土层破坏规律研究[J].岩土力学,2015,36(1):219-224.
[161] 张金才,刘天泉,张玉卓.裂隙岩体渗透特征的研究[J].煤炭学报,1997,22(5):481-485.
[162] 张立其,刘洋,方刚.陕北浅埋煤层采空区积水下安全开采技术研究[J].煤田地质与勘探,2015,43(6):60-64.
[163] 张丽,董增川,黄晓玲.干旱区典型植物生长与地下水位关系的模型研究[J].中国沙漠,2004,24(1):110-113.
[164] 张平松,刘盛东,舒玉峰.煤层开采覆岩破坏发育规律动态测试分析[J].煤炭学报,2011,36(2):217-222.
[165] 张通,袁亮,赵毅鑫,等.薄基岩厚松散层深部采场裂隙带几何特征及矿压分布的工作面效应[J].煤炭学报,2015,40(10):2260-2268.
[166] 张伟.光纤布拉格光栅应变传感系统可靠性的关键技术研究[D].重庆:重庆大学,2016.
[167] 张艳伟.冲沟发育地貌浅埋煤层开采覆岩运动及裂隙演化规律研究[D].徐州:中国矿业大学,2016.
[168] 张毅.基于 BOTDR 的分布式温度和应变传感系统的研究[D].重庆:重庆大学,2016.
[169] 张玉军,宋业杰,樊振丽,等.鄂尔多斯盆地侏罗系煤田保水开采技术与应用[J].煤炭科学技术,2021,49(4):159-168.
[170] 赵兵朝.浅埋煤层条件下基于概率积分法的保水开采识别模式研究[D].西安:西安科技大学,2009.
[171] 赵兵朝,刘樟荣,同超,等.覆岩导水裂缝带高度与开采参数的关系研究[J].采矿与安全工程学报,2015,32(4):634-638.
[172] 赵春虎,虎维岳,靳德武.西部干旱矿区采煤引起潜水损失量的定量评价方法[J].煤炭学报,2017,42(1):169-174.

[173] 赵海军,马凤山,李国庆,等.充填法开采引起地表移动、变形和破坏的过程分析与机理研究[J].岩土工程学报,2008,30(5):670-676.

[174] 中华人民共和国国家统计局.2019 中国统计年鉴[M].北京:中国统计出版社,2019.

[175] 中华人民共和国建设部.岩土工程勘察规范[M].北京:中国计划出版社,2002.

[176] 中华人民共和国煤炭工业部.矿井水文地质规程(试行)[M].北京:煤炭工业出版社,1984.

[177] 中华人民共和国水利部.水利水电工程地质勘察规范:GB 50487—2008[S].北京:中国计划出版社,2009.

[178] 朱德明,田恒洲,华兰如,等.井下仰孔探测导水裂缝带技术方法试验[J].煤炭科学技术,1991,19(10):4-8.

[179] 朱鸿鹄,殷建华,靳伟,等.基于光纤光栅传感技术的地基基础健康监测研究[J].土木工程学报,2010,43(6):109-115.

[180] 朱卫兵.浅埋近距离煤层重复采动关键层结构失稳机理研究[J].煤炭学报,2011,36(6):1065-1066.

[181] ADHIKARY D P,GUO H. Modelling of longwall mining-induced strata permeability change[J]. Rock mechanics and rock engineering,2015,48(1):345-359.

[182] BAI M,ELSWORTH D. Modeling of subsidence and stress-dependent hydraulic conductivity for intact and fractured porous media[J]. Rock mechanics and rock engineering,1994,27(4):209-234.

[183] BOOTH C,BERTSCH L. Groundwater geochemistry in shallow aquifers above longwall mines in Illinois,USA[J]. Hydrogeology journal,1999,7(6):561-575.

[184] BOOTH C J. Confined-unconfined changes above longwall coal mining due to increases in fracture porosity[J]. Environmental and engineering geoscience,2007,13(4):355-367.

[185] BOOTH C J,SPANDE E D. Potentiometric and aquifer property changes above subsiding longwall mine panels,Illinois basin coalfield[J]. Ground water,1992,30(3):362-368.

[186] CHENG G,SHI B,ZHU H,et al. A field study on distributed fiber optic deformation monitoring of overlying strata during coal mining[J]. Journal of civil structural health monitoring,2015,5(5):553-562.

[187] CHENG H L, FARMER I W. A simple method of estimating rock mass porosity and permeability[J]. Geotechnical and geological engineering, 1990, 8(1): 57-65.

[188] FAN G W, ZHANG D S. Mechanisms of aquifer protection in underground coal mining[J]. Mine water and the environment, 2015, 34(1): 95-104.

[189] FAN G W, ZHANG D S, ZHAI D Y, et al. Laws and mechanisms of slope movement due to shallowly buried coal seam mining under ground gully[J]. Journal of coal science and engineering (China), 2009, 15(4): 346-350.

[190] FENG G R, ZHENG J, REN Y F, et al. Mechanical model and analysis on movement of rock strata between coal seams in Pillar Upward Mining of left-over coal[J]. Applied mechanics and materials, 2011, 58/59/60: 393-398.

[191] GUO H, ADHIKARY D P, CRAIG M S. Simulation of mine water inflow and gas emission during longwall mining [J]. Rock mechanics and rock engineering, 2009, 42(1): 25-51.

[192] HAO Y Q, YE Q, PAN Z Q, et al. Effects of modulated pulse format on spontaneous Brillouin scattering spectrum and BOTDR sensing system [J]. Optics and laser technology, 2013, 46: 37-41.

[193] HOLLA L. Ground movement due to longwall mining in high relief areas in New South Wales, Australia [J]. International journal of rock mechanics and mining sciences, 1997, 34(5): 775-787.

[194] HUANG Q X. Study on water resisting property of subsurface aquiclude in shallow coal seam mining[J]. Journal of coal science and engineering (China), 2008, 14(3): 369-372.

[195] JOHN NELSON W. Coal deposits of the United States[J]. International journal of coal geology, 1987, 8(4): 355-365.

[196] KARACAN C Ö, GOODMAN G V R. Monte carlo simulation and well testing applied in evaluating reservoir properties in a deforming longwall overburden[J]. Transport in porous media, 2011, 86(2): 415-434.

[197] KARAMAN A, AKHIEV S S, CARPENTER P J. A new method of analysis of water-level response to a moving boundary of a longwall mine [J]. Water resources research, 1999, 35(4): 1001-1010.

[198] KARAMAN A, CARPENTER P J, BOOTH C J. Type-curve analysis of

water-level changes induced by a longwall mine[J]. Environmental geology,2001,40(7):897-901.

[199] KAYABASI A,YESILOGIU-GULTEKIN N,GOKCEOGLU C. Use of non-linear prediction tools to assess rock mass permeability using various discontinuity parameters[J]. Engineering geology,2015,185:1-9.

[200] KERSEY A D. A review of recent developments in fiber optic sensor technology[J]. Optical fiber technology,1996,2(3):291-317.

[201] KIM J M,PARIZEK R R,ELSWORTH D. Evaluation of fully-coupled strata deformation and groundwater flow in response to longwall mining [J]. International journal of rock mechanics and mining sciences,1997,34(8):1187-1199.

[202] LI H N,LI D S,SONG G B. Recent applications of fiber optic sensors to health monitoring in civil engineering[J]. Engineering structures,2004,26(11):1647-1657.

[203] LIND C J,CREASEY C L,ANGEROTH C. In-situ alteration of minerals by acidic ground water resulting from mining activities:preliminary evaluation of method[J]. Journal of geochemical exploration,1998,64(1/2/3):293-305.

[204] LIU Q M,LI W P,LI X Q,et al. Study on deformation characteristics of coal roof overlapping mining under the coverage of magmatic rocks with dem simulation[J]. Procedia engineering,2011,26:101-106.

[205] LIU S L,DAI S ,LI W P,et al. A new monitoring method for overlying strata failure height in Neogene Laterite caused by underground coal mining[J]. Engineering failure analysis,2020,117(2):104796.

[206] LIU S L,LI W P,WANG Q Q,et al. Investigation on mining-induced fractured zone height developed in different layers above Jurassic coal seam in western China[J]. Arabian journal of geosciences,2018,11(2):1-10.

[207] LIU X S,TAN Y L,NING J G,et al. The height of water-conducting fractured zones in longwall mining of shallow coal seams [J]. Geotechnical and geological engineering,2015,33(3):693-700.

[208] LIU Y,LIU Q M,LI W P,et al. Height of water-conducting fractured zone in coal mining in the soil-rock composite structure overburdens[J]. Environmental earth sciences,2019,78(7):1-13.

[209] LIU Y,LI W P,HE J H,et al. Application of Brillouin optical time domain reflectometry to dynamic monitoring of overburden deformation and failure caused by underground mining[J]. International journal of rock mechanics and mining sciences,2018,106:133-143.

[210] LI W P,LIU S L,PEI Y B,et al. Zoning for eco-geological environment before mining in Yushenfu mining area,Northern Shaanxi,China[J]. Environmental monitoring and assessment,2018,190(10):1-20.

[211] MAJDI A,HASSANI F P,NASIRI M Y. Prediction of the height of destressed zone above the mined panel roof in longwall coal mining[J]. International journal of coal geology,2012,98:62-72.

[212] MA L Q,JIN Z Y,LIANG J M,et al. Simulation of water resource loss in short-distance coal seams disturbed by repeated mining [J]. Environmental earth sciences,2015,74(7):5653-5662.

[213] MIAO X X,CUI X M,WANG J A,et al. The height of fractured water-conducting zone in undermined rock strata[J]. Engineering geology,2011,120(1/2/3/4):32-39.

[214] MOHAMMAD R,ABBAS M,MOHAMMAD F H,NAJMODDINI I. Study of the roof behavior in longwall gob in long-term condition[J]. Journal of geology and mining research,2018,10(2):15-27.

[215] PALCHIK V. Analysis of main factors influencing the apertures of mining-induced horizontal fractures at longwall coal mining [J]. Geomechanics and geophysics for geo-energy and geo-resources,2020,6(2):1-11.

[216] PALCHIK V. Formation of fractured zones in overburden due to longwall mining[J]. Environmental geology,2003,44(1):28-38.

[217] PEI H F,TENG J,YIN J H,et al. A review of previous studies on the applications of optical fiber sensors in geotechnical health monitoring [J]. Measurement,2014,58:207-214.

[218] PIAO C D,SHI B,GAO L. Characteristics and application of BOTDR in distributed detection of pile foundation[J]. Advanced materials research,2010,163/164/165/166/167:2657-2665.

[219] POULSEN B A. Coal pillar load calculation by pressure arch theory and near field extraction ratio[J]. International journal of rock mechanics and mining sciences,2010,47(7):1158-1165.

[220] REN Y F. Study on monitoring technology of the overlying strata spatial structures' failure in shallow seam long wall face [J]. Procedia engineering,2011,26:928-933.

[221] RICHARD R, RANDOLPH J, ZIPPER D. High extraction mining, subsidence, and Virginia's water resources, chapter 4. Subsidence effects on water resources[J]. Virginia center for coal & energy research. virginia polytechnic institute and state university, virginia, 1990:17-20.

[222] SCHATZEL S J, KARACAN C Ö, DOUGHERTY H, et al. An analysis of reservoir conditions and responses in longwall panel overburden during mining and its effect on gob gas well performance [J]. Engineering geology, 2012, 127:65-74.

[223] SIDLE R C, KAMIL I, SHARMA A, et al. Stream response to subsidence from underground coal mining in central Utah[J]. Environmental geology, 2000, 39(3/4):279-291.

[224] SUI W H, HANG Y, MA L X, et al. Interactions of overburden failure zones due to multiple-seam mining using longwall caving[J]. Bulletin of engineering geology and the environment, 2015, 74(3):1019-1035.

[225] SUN A, SEMENOVA Y, FARRELL G, et al. BOTDR integrated with FBG sensor array for distributed strain measurement [J]. Electronics letters, 2010, 46(1):66.

[226] TANG C A, TANG S B. Applications of rock failure process analysis (RFPA) method [J]. Journal of rock mechanics and geotechnical engineering, 2011, 3(4):352-372.

[227] WANG F, TU S H, ZHANG C, et al. Evolution mechanism of water-flowing zones and control technology for longwall mining in shallow coal seams beneath gully topography[J]. Environmental earth sciences, 2016, 75(19):1-16.

[228] WANG G, WU M M, WANG R, et al. Height of the mining-induced fractured zone above a coal face [J]. Engineering geology, 2017, 216: 140-152.

[229] WANG J A, PARK H D. Coal mining above a confined aquifer [J]. International journal of rock mechanics and mining sciences, 2003, 40(4):537-551.

[230] WANG Q, LI W, GUO Y, et al. Geological and geotechnical characteristics of

N_2 laterite in Northwestern China[J]. Quaternary international, 2019, 519: 263-273.

[231] WEI J C, WU F Z, YIN H Y, et al. Formation and height of the interconnected fractures zone after extraction of thick coal seams with weak overburden in Western China[J]. Mine water and the environment, 2017, 36(1): 59-66.

[232] XIA X G, YANG Y F. Study on gradual deformation and prediction model of the mined overburden[J]. Advanced materials research, 2012, 524/525/526/527: 699-704.

[233] XU P, YANG S Q. Permeability evolution of sandstone under short-term and long-term triaxial compression[J]. International journal of rock mechanics and mining sciences, 2016, 85: 152-164.

[234] YANG S M. Study on water resource protection and pollution prevention of mining area[J]. Applied mechanics & materials, 2013, 275/276/277: 2752-2755.

[235] ZHANG D S, FAN G W, LIU Y D, et al. Field trials of aquifer protection in longwall mining of shallow coal seams in China[J]. International journal of rock mechanics and mining sciences, 2010, 47(6): 908-914.

[236] ZHANG D S, LIU Y D, WANG A, et al. Integrated controlling technique of ecological environment in Shendong mining area[J]. Journal of coal science and engineering (China), 2007, 13(4): 471-5.

[237] ZHANG G B, ZHANG W Q, WANG C H, et al. Mining thick coal seams under thin bedrock deformation and failure of overlying strata and alluvium[J]. Geotechnical and geological engineering, 2016, 34(5): 1553-1563.

[238] ZHANG J C, PENG S P. Water inrush and environmental impact of shallow seam mining[J]. Environmental geology, 2005, 48(8): 1068-1076.

[239] ZHANG J C, SHEN B H. Coal mining under aquifers in China: a case study[J]. International journal of rock mechanics and mining sciences, 2004, 41(4): 629-639.

[240] ZHANG J, STANDIFIRD W B, ROEGIERS J C, et al. Stress-dependent fluid flow and permeability in fractured media: from lab experiments to engineering applications[J]. Rock mechanics and rock engineering, 2007,

40(1):3-21.

[241] ZIPPER C, BALFOUR W, ROTH R, et al. Domestic water supply impacts by underground coal mining in Virginia, USA[J]. Environmental geology, 1997, 29(1/2):84-93.